달달 풀고 곰곰 생각하는

달곰한 계산력

초등 5-1

참쌤스쿨

디지털 교육 컨텐츠를 전문적으로 제작하고 공유하여
교실과 학교, 교육의 변화를 꿈꾸는
현직 교사로 이루어진 전국 단위 전문적 학습 공동체입니다.

지 은 이	NE능률 수학교육연구소 참쌤스쿨 서휘경, 이윤희, 송가람
개발책임	차은실
개 발	한아름, 김다은, 김건희
디 자 인	오영숙, 한새미, 황유진
일러스트	이상화
영 업	한기영, 이경구, 박인규, 정철교, 김남준, 이우현
마 케 팅	박혜선, 남경진, 이지원, 김여진
펴 낸 이	주민홍
펴 낸 곳	서울시 마포구 월드컵북로 396(상암동) 누리꿈스퀘어 비즈니스타워 10층 ㈜NE능률 (우편번호 03925)
펴 낸 날	2023년 11월 1일 초판 제1쇄 2024년 1월 5일 초판 제2쇄
전 화	02 2014 7114
팩 스	02 3142 0357
홈페이지	www.neungyule.com
등록번호	제1-68호

고객센터

교재 내용 문의: contact.nebooks.co.kr (별도의 가입 절차 없이 작성 가능)
제품 구매, 교환, 불량, 반품 문의: 02 2014 7114
☎ 전화 문의는 본사 업무 시간 중에만 가능합니다.

수학 공부를 하다 보면 이해가 안 돼서 어렵고, 또 재미도 없고…….

그래서 수학 공부를 하기 싫은 적이 있지 않나요?

수학이 어려운 가장 큰 이유는 지금 배우고 있는 수학 개념들이 대부분 글로 된 딱딱한 설명과 식으로 되어 있기 때문이죠.

그래서 설명을 읽어도 모르겠고, 식을 봐도 이해가 되지 않는 것이랍니다.

하지만! 어려운 수학 개념을 너무나 쉽게 이해할 수 있는 방법!

바로 비주얼 싱킹을 활용해서 수학 개념을 이해하고 문제를 풀어 보는 것이지요.

여러분들이 이해하기 쉽게 수학 개념을 풀어놓은 달곰한 계산력으로 수학 공부를 재미있게 해 보세요!

달곰한 계산력 한눈에 보기

1

학교 선생님이 아이들의 눈높이에 맞추어
설명한 연산 개념을 담았어요.

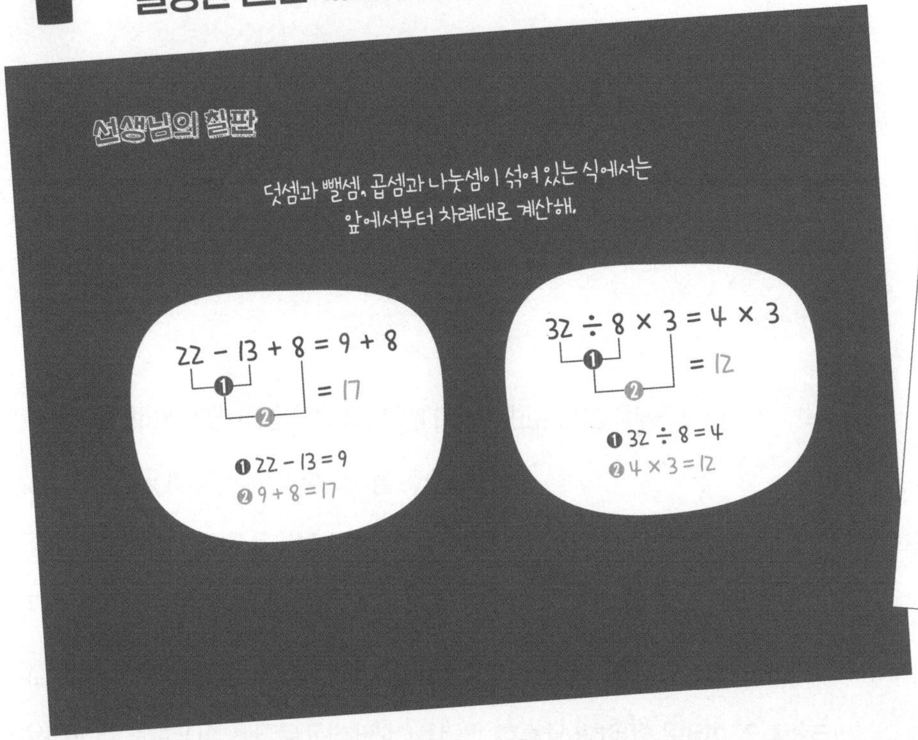

선생님의 칠판

덧셈과 뺄셈, 곱셈과 나눗셈이 섞여 있는 식에서는
앞에서부터 차례대로 계산해.

22 − 13 + 8 = 9 + 8 = 17

❶ 22 − 13 = 9
❷ 9 + 8 = 17

32 ÷ 8 × 3 = 4 × 3 = 12

❶ 32 ÷ 8 = 4
❷ 4 × 3 = 12

2

개념을 다시 한번 짚어주는 지문을 읽고
충분히 연습해요.

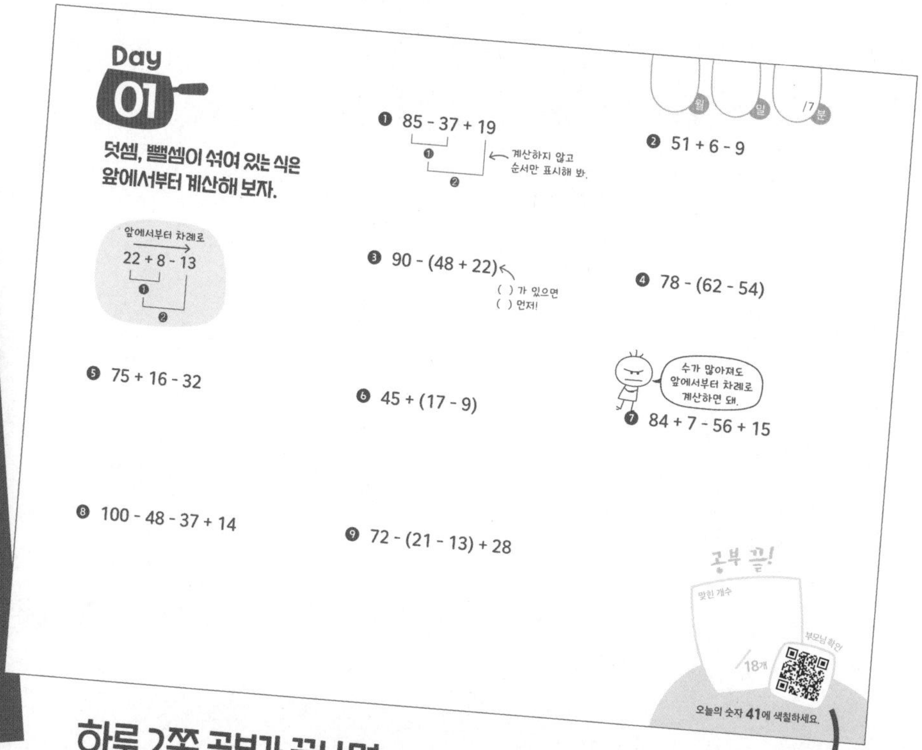

Day 01

덧셈, 뺄셈이 섞여 있는 식은
앞에서부터 계산해 보자.

앞에서부터 차례로
22 + 8 − 13

❶ 85 − 37 + 19 (계산하지 않고 순서만 표시해 봐.)
❷ 51 + 6 − 9
❸ 90 − (48 + 22) (( )가 있으면 ( ) 먼저!)
❹ 78 − (62 − 54)
❺ 75 + 16 − 32
❻ 45 + (17 − 9)
❼ 84 + 7 − 56 + 15 (수가 많아져도 앞에서부터 차례로 계산하면 돼.)
❽ 100 − 48 − 37 + 14
❾ 72 − (21 − 13) + 28

공부 끝!
맞힌 개수 /18개
부모님 확인
오늘의 숫자 41에 색칠하세요.

하루 2쪽 공부가 끝나면

QR로 빠르게 채점하고,

로직을 완성해요.

3 단계별 학습이 끝나면 재미있는 놀이 연산으로 연산 실력을 UP!

1~6단계, 7~11단계, 1~11단계 범위에 따라 연산 실력을 점검해 봐요.

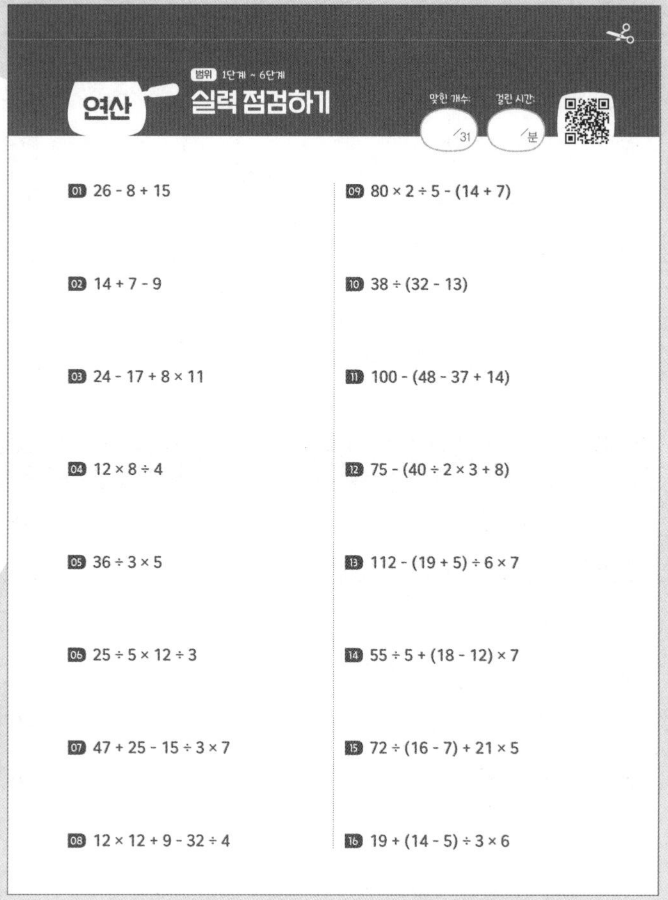
연산 실력 점검하기

범위 1단계 ~ 6단계

맞힌 개수: /31 걸린 시간: /분

01 26 - 8 + 15

02 14 + 7 - 9

03 24 - 17 + 8 × 11

04 12 × 8 ÷ 4

05 36 ÷ 3 × 5

06 25 ÷ 5 × 12 ÷ 3

07 47 + 25 - 15 ÷ 3 × 7

08 12 × 12 + 9 - 32 ÷ 4

09 80 × 2 ÷ 5 - (14 + 7)

10 38 ÷ (32 - 13)

11 100 - (48 - 37 + 14)

12 75 - (40 ÷ 2 × 3 + 8)

13 112 - (19 + 5) ÷ 6 × 7

14 55 ÷ 5 + (18 - 12) × 7

15 72 ÷ (16 - 7) + 21 × 5

16 19 + (14 - 5) ÷ 3 × 6

권별 학습 내용

1-1	2-1	3-1
수를 모으고 가르기	받아올림이 한 번 있는 (두 자리 수)+(두 자리 수)	(몇십)×(몇)
합이 9까지인 덧셈	받아올림이 두 번 있는 (두 자리 수)+(두 자리 수)	올림이 없는 (두 자리 수)×(한 자리 수)
한 자리 수의 뺄셈	받아내림이 있는 (두 자리 수)−(두 자리 수)	십의 자리에서 올림이 있는 (두 자리 수)×(한 자리 수)
덧셈과 뺄셈의 관계	덧셈식, 뺄셈식에서 □의 값 구하기	일의 자리에서 올림이 있는 (두 자리 수)×(한 자리 수)
세 수의 덧셈과 뺄셈	같은 수를 여러 번 더하기	올림이 두 번 있는 (두 자리 수)×(한 자리 수)
(몇십)+(몇), (몇)+(몇십)	2단, 5단 곱셈구구	올림이 없는 (세 자리 수)×(한 자리 수)
(몇십몇)+(몇), (몇십몇)−(몇)	3단, 6단 곱셈구구	올림이 한 번 있는 (세 자리 수)×(한 자리 수)
(몇십)+(몇십), (몇십)−(몇십)	4단, 8단 곱셈구구	올림이 여러 번 있는 (세 자리 수)×(한 자리 수)
(몇십몇)+(몇십몇), (몇십몇)−(몇십몇)	7단, 9단 곱셈구구	나눗셈의 기초
		나눗셈의 몫 구하기

1-2	2-2	3-2
10을 모으고 가르기	곱셈구구 종합	(몇십)×(몇십), (몇십몇)×(몇십)
10이 되는 더하기, 10에서 빼기	받아올림이 없는 (세 자리 수)+(세 자리 수)	올림이 한 번 있는 (몇십몇)×(몇십몇)
두 수의 합이 10인 세 수의 덧셈	받아올림이 한 번 있는 (세 자리 수)+(세 자리 수)	올림이 여러 번 있는 (몇십몇)×(몇십몇)
받아올림이 있는 (몇)+(몇)	받아올림이 두 번 있는 (세 자리 수)+(세 자리 수)	(몇십)÷(몇), (몇백몇십)÷(몇)
두 수의 차가 10인 세 수의 뺄셈	받아올림이 세 번 있는 (세 자리 수)+(세 자리 수)	내림이 없고 나머지가 없는 (두 자리 수)÷(한 자리 수)
받아내림이 있는 (십몇)−(몇)	받아내림이 없는 (세 자리 수)−(세 자리 수)	내림이 있고 나머지가 없는 (두 자리 수)÷(한 자리 수)
덧셈과 뺄셈의 관계	받아내림이 한 번 있는 (세 자리 수)−(세 자리 수)	내림이 없고 나머지가 있는 (두 자리 수)÷(한 자리 수)
받아올림이 있는 (몇십몇)+(몇)	받아내림이 두 번 있는 (세 자리 수)−(세 자리 수)	내림이 있고 나머지가 있는 (두 자리 수)÷(한 자리 수)
받아내림이 있는 (몇십몇)−(몇)		백의 자리부터 몫을 구하는 (세 자리 수)÷(한 자리 수)
세 수의 덧셈과 뺄셈		백의 자리 수가 나누는 수보다 작은 (세 자리 수)÷(한 자리 수)

4 - 1	5 - 1	6 - 1
(몇백)×(몇십), (몇십)×(몇백)	덧셈과 뺄셈, 곱셈과 나눗셈이 섞여 있는 식	(자연수)÷(자연수), (진분수)÷(자연수)
(세 자리 수)×(몇십)	괄호가 없는 자연수의 혼합 계산	곱셈으로 계산하는 (진분수)÷(자연수)
(세 자리 수)×(두 자리 수)	괄호가 있는 자연수의 혼합 계산	(가분수)÷(자연수), (대분수)÷(자연수)
(몇백몇십)÷(몇십)	약수와 공약수, 배수와 공배수	(진분수)÷(진분수)
(두 자리 수)÷(몇십)	공약수와 최대공약수	(자연수)÷(진분수)
(세 자리 수)÷(몇십)	공배수와 최소공배수	(가분수)÷(진분수), (대분수)÷(진분수)
(두 자리 수)÷(두 자리 수)	약분과 통분	각 자리에서 나누어떨어지지 않는 (소수)÷(자연수)
몫이 한 자리 수인 (세 자리 수)÷(두 자리 수)	분모가 다른 진분수의 덧셈	0을 내리거나 몫에 0이 포함된 (소수)÷(자연수)
몫이 두 자리 수인 (세 자리 수)÷(두 자리 수)	분모가 다른 대분수의 덧셈	몫이 소수인 (자연수)÷(자연수)
	분모가 다른 진분수의 뺄셈	비와 비율
	분모가 다른 대분수의 뺄셈	백분율

4 - 2	5 - 2	6 - 2
대분수를 가분수로, 가분수를 대분수로 나타내기	어림하기	자릿수가 같은 (소수)÷(소수)
진분수의 덧셈	(분수)×(자연수)	자릿수가 다른 (소수)÷(소수)
대분수의 덧셈	(자연수)×(분수)	(자연수)÷(소수)
진분수의 뺄셈	(진분수)×(진분수)	몫을 반올림하여 나타내기
받아내림이 없는 대분수의 뺄셈	(대분수)×(대분수)	나누어 주고 남는 양
(자연수)−(분수)	세 분수의 곱셈	자연수, 분수, 소수의 혼합 계산
받아내림이 있는 대분수의 뺄셈	소수와 자연수의 곱셈	간단한 자연수의 비로 나타내기
자릿수가 같은 소수의 덧셈	(소수)×(소수)	비례식
자릿수가 다른 소수의 덧셈	분수와 소수의 혼합 계산	비례배분
자릿수가 같은 소수의 뺄셈		
자릿수가 다른 소수의 뺄셈		

48일 완성, 연산 지도법

단계	공부 내용	이렇게 지도해요	공부 날	쪽수
1 단계	덧셈과 뺄셈, 곱셈과 나눗셈이 섞여 있는 식	앞에서부터 두 수씩 차례로 계산하는 혼합 계산 원칙을 지켜 $+$, $-$, $\times$, $\div$가 섞인 계산의 기초를 다집니다.	DAY 1	10쪽
			DAY 2	12쪽
			DAY 3	14쪽
			DAY 4	16쪽
2 단계	괄호가 없는 자연수의 혼합 계산	계산하기 전에 계산 순서를 먼저 표시하여 $\times$ 또는 $\div$는 $+$ 또는 $-$보다 항상 먼저 계산한다는 것을 충분히 익힙니다.	DAY 5	22쪽
			DAY 6	24쪽
			DAY 7	26쪽
			DAY 8	28쪽
3 단계	괄호가 있는 자연수의 혼합 계산	괄호로 묶인 식은 '하나의 수'로 생각하여 가장 먼저 계산한다는 것을 이해하고 $\times$ 또는 $\div$, $+$ 또는 $-$의 순서로 계산합니다.	DAY 9	34쪽
			DAY 10	36쪽
			DAY 11	38쪽
			DAY 12	40쪽
4 단계	약수와 공약수, 배수와 공배수	자연수가 여러 수들의 곱으로 이루어져 있음을 생각하여 약수, 배수 개념을 이해하고 약수와 배수의 관계에 있는 두 수도 알아봅니다.	DAY 13	46쪽
			DAY 14	48쪽
			DAY 15	50쪽
			DAY 16	52쪽
			DAY 17	54쪽
			DAY 18	56쪽
5 단계	공약수와 최대공약수	약수가 하나의 수에 대한 이해였다면 공약수와 최대공약수에서는 두 수 이상의 수의 관계를 '나눌 수 있는 수'로 알아보고, 최대공약수 구하는 방법을 익힙니다.	DAY 19	62쪽
			DAY 20	64쪽
			DAY 21	66쪽
			DAY 22	68쪽

단계	공부 내용	이렇게 지도해요	공부 날	쪽수
6 단계	공배수와 최소공배수	배수가 하나의 수에 대한 이해였다면 공배수와 최소공배수에서는 두 수 이상의 수의 관계를 '곱해서 만든 수'로 알아보고, 최소공배수 구하는 방법을 익힙니다.	DAY 23	74쪽
			DAY 24	76쪽
			DAY 25	78쪽
			DAY 26	80쪽
			DAY 27	82쪽
7 단계	약분과 통분	크기가 같은 분수의 분모, 분자를 작게 또는 크게 만든다는 것을 이해하면서 계산할 수 있도록 지도해 주세요.	DAY 28	88쪽
			DAY 29	90쪽
			DAY 30	92쪽
			DAY 31	94쪽
			DAY 32	96쪽
8 단계	분모가 다른 진분수의 덧셈	분수의 계산에서 가장 중요한 개념과 방법은 기준, 즉 '분모를 같게 하여 분자끼리만 계산한다.'라는 것입니다. 이때, (자연수)+(진분수)로 이루어진 대분수의 구조를 이해하여 진분수뿐만 아니라 대분수끼리의 계산에서 받아올림, 받아내림을 능숙하게 할 수 있도록 지도해 주세요. 또한 '큰 수에서 작은 수를 빼야 하는', '같은 수를 빼면 0이 되는'과 같은 뺄셈의 기본적인 성질은 자연수의 계산과 같다는 점도 이해할 수 있도록 합니다.	DAY 33	102쪽
			DAY 34	104쪽
			DAY 35	106쪽
			DAY 36	108쪽
9 단계	분모가 다른 대분수의 덧셈		DAY 37	114쪽
			DAY 38	116쪽
			DAY 39	118쪽
			DAY 40	120쪽
10 단계	분모가 다른 진분수의 뺄셈		DAY 41	126쪽
			DAY 42	128쪽
			DAY 43	130쪽
			DAY 44	132쪽
11 단계	분모가 다른 대분수의 뺄셈		DAY 45	138쪽
			DAY 46	140쪽
			DAY 47	142쪽
			DAY 48	144쪽

01

덧셈과 뺄셈, 곱셈과 나눗셈이 섞여 있는 식

이번에는 무엇을 배울까?

자릿수가 다른 소수의 뺄셈

덧셈과 뺄셈, 곱셈과 나눗셈이 섞여 있는 식

괄호가 없는 자연수의 혼합 계산

이렇게 지도해요!

❶ **먼저 설명해 주세요.**

여러 가지 연산 기호가 섞여 있을 때 계산하는 순서를 말로 풀어내었습니다. 아이와 함께 덧셈, 뺄셈과 곱셈, 나눗셈이 섞여 있는 식의 계산 순서를 생각해 봅니다.

❷ **수를 이해하며 계산해요.**

설명을 이용하여 Day1에서 재미있게 문제를 풉니다.

❸ **충분히 연습해요.**

Day2 ~ Day4의 문제 풀이를 통해 혼합 계산의 기초를 다지고 더 길고 복잡해지는 혼합 계산을 대비합니다.

스스로 계획을 세워요!

	공부할 날짜	목표 시간	복습할 날짜
Day 01 / 48	월 / 일	분 / 18개	월 / 일
Day 02 / 48	월 / 일	분 / 18개	월 / 일
Day 03 / 48	월 / 일	분 / 37개	월 / 일
Day 04 / 48	월 / 일	분 / 37개	월 / 일

선생님의 칠판

덧셈과 뺄셈, 곱셈과 나눗셈이 섞여 있는 식에서는
앞에서부터 차례대로 계산해.

$$22 - 13 + 8 = 9 + 8 = 17$$

❶ $22 - 13 = 9$
❷ $9 + 8 = 17$

$$32 \div 8 \times 3 = 4 \times 3 = 12$$

❶ $32 \div 8 = 4$
❷ $4 \times 3 = 12$

Day 01

덧셈, 뺄셈이 섞여 있는 식은 앞에서부터 계산해 보자.

앞에서부터 차례로

22 + 8 - 13

❶ 22 + 8 → ❷ - 13

❶ 85 - 37 + 19

❶ 85 - 37 → ❷ + 19

계산하지 않고 순서만 표시해 봐.

❷ 51 + 6 - 9

❸ 90 - (48 + 22)

( )가 있으면 ( ) 먼저!

❹ 78 - (62 - 54)

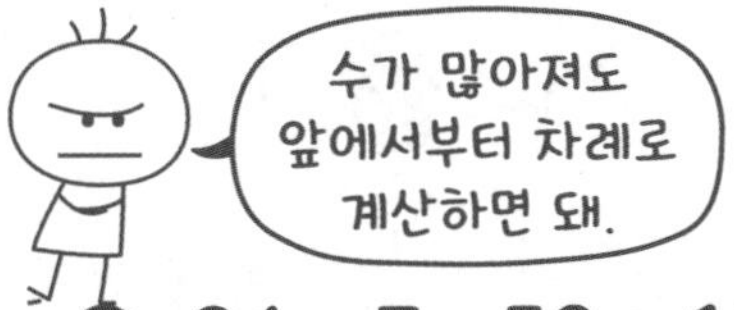

❺ 75 + 16 - 32

❻ 45 + (17 - 9)

❼ 84 + 7 - 56 + 15

❽ 100 - 48 - 37 + 14

❾ 72 - (21 - 13) + 28

❿ 106 + 15 - (39 + 47)

⑪ $12 - 5 + 19 = \square$

← 순서에 따라 계산하고 계산한 값을 써 봐.

⑫ $56 + 7 - 38 = \square$

⑬ $34 - (12 + 9) = \square$

⑭ $35 + (27 - 11) - 26 = \square$

⑮ $73 + 24 - 15 = \square$

⑯ $114 + 37 - 74 = \square$

⑰ $110 - 42 - (35 + 17) = \square$

⑱ $37 + (54 + 75 - 68) = \square$

공부 끝!

맞힌 개수

/18개

부모님 확인

오늘의 숫자 **41**에 색칠하세요.

월 일 /5 분

Day 02

곱셈, 나눗셈이 섞여 있는 식은 앞에서부터 계산해 보자.

앞에서부터 차례로

$4 \times 9 \div 3$

❶ ❷

❶ $12 \times 5 \div 4$

❶ ❷ ← 계산하지 않고 순서만 표시해 봐.

❷ $100 \div (15 \div 3)$ ← ( )가 있으면 ( ) 먼저!

❸ $3 \times 8 \div 2$

❹ $64 \div (4 \times 8)$

❺ $30 \div 5 \times 7$

❻ $27 \times 2 \div 3 \times 4$

❼ $84 \div (4 \times 3)$

❽ $42 \times 8 \div (2 \times 6)$

❾ $160 \div (4 \times 10) \div 2$

❿ $105 \div 7 \times (12 \div 4)$

⑪ $72 \div 12 \times 2 = \square$

순서에 따라 계산하고, 계산한 값을 써 봐.

⑫ $42 \times 2 \div 7 = \square$

⑬ $45 \times 7 \div (3 \times 5) = \square$

⑭ $132 \div 3 \div (11 \times 2) = \square$

⑮ $3 \times 25 \div 15 = \square$

⑯ $48 \div (3 \times 2) = \square$

⑰ $56 \div 4 \div 2 \times 13 = \square$

⑱ $108 \div (6 \times 2 \div 3) = \square$

공부 끝!

맞힌 개수 /18개

부모님 확인

오늘의 숫자 **25**에 색칠하세요.

Day 03

계산 순서가 바뀌면 결과가 달라질 수 있으니 계산 순서에 주의해!

❶ 8 + 23 - 9

❷ 23 - (8 + 7)

❸ 17 + 18 - 11 + 9

❹ 11 + 19 - 22

❺ 25 - (18 - 5) + 31

❻ 50 - (7 + 23)

❼ 54 - (27 - 12) + 33

❽ 57 + 7 - 28

❾ 45 + 28 - 7 - 16

❿ 61 - (32 + 17)

⓫ 34 - (30 - 9) + 19

⓬ 73 - 57 + 30

⓭ 47 + 36 - 23

⓮ 55 + 54 - (72 - 29)

⓯ 72 - 24 + 33

⓰ 40 - (19 + 13)

⓱ 120 - (72 - 35) + 13

⓲ 73 + 24 - 38

⑲ $6 \times 8 \div 3$

⑳ $2 \times 5 \times 6 \div 4$

㉑ $24 \div (3 \times 2)$

㉒ $9 \times 22 \div (11 \times 3)$

㉓ $36 \div (2 \times 2)$

㉔ $48 \div 16 \times 6$

㉕ $21 \div (49 \div 7) \times 11$

㉖ $15 \div 5 \times 2 \times 8$

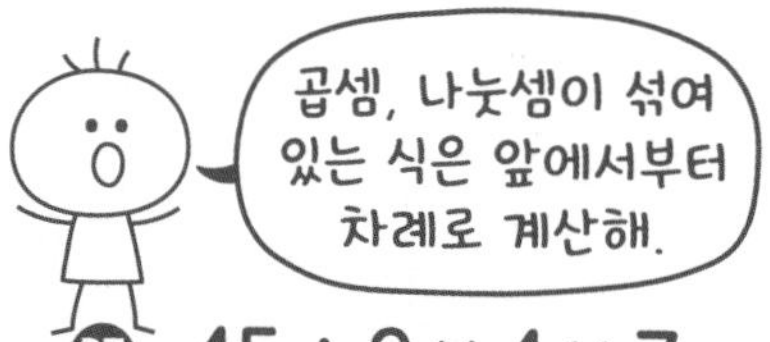

㉗ $45 \div 9 \times 4 \times 7$

㉘ $44 \times 4 \div (48 \div 6)$

㉙ $120 \div (12 \times 2)$

㉚ $36 \div 4 \times 7$

㉛ $52 \div 13 \times 21 \div 7$

㉜ $70 \div (5 \times 7) \times 6$

㉝ $64 \div 8 \times 9$

㉞ $132 \div (3 \times 4)$

㉟ $72 \div 8 \div 3 \times 15$

㊱ $96 \div (4 \times 4)$

㊲ $140 \div 2 \div (2 \times 7)$

공부 끝!

맞힌 개수 /37개

부모님 확인

오늘의 숫자 **17**에 색칠하세요.

월 일 /15 분

Day 04

계산 순서를 식 아래에 표시하고 계산하면 실수를 줄일 수 있어.

❶ $21 - 8 + 12$

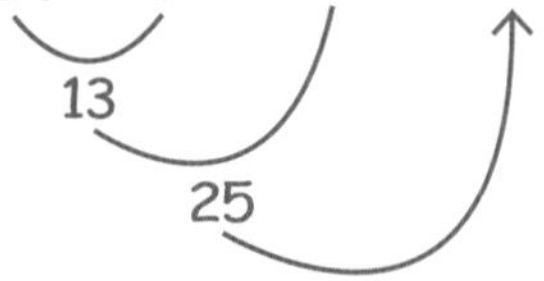

❷ $12 \times 7 \div 4$

❸ $90 \div (6 \times 3)$

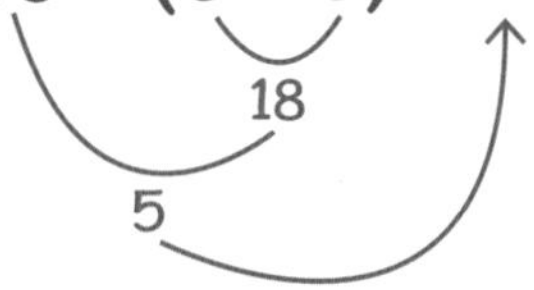

❹ $78 \div (3 \times 2)$

❺ $19 + 7 - 8$

❻ $98 \div 7 \times 5$

❼ $35 \times 4 \div 7 \div 5$

❽ $42 - 15 + 6$

❾ $77 - 28 + 13 + 19$

❿ $12 \div (3 \times 2) \times 8$

⓫ $45 \div (5 \times 3)$

⓬ $96 \div (6 \times 4)$

⓭ $15 + (45 - 23)$

⓮ $72 \times 3 \div 18 \times 6$

⓯ $84 \div 3 \times 2$

⓰ $41 - (19 + 3)$

⓱ $84 - (19 + 49)$

⓲ $2 \times 36 \div 3$

⑲ $53 + 17 - (22 - 10)$

⑳ $38 + 13 - 26$

㉑ $6 \times 10 \div (5 \times 3)$

㉒ $3 \times 8 \div 2$

㉓ $24 \div 8 \times 11$

㉔ $16 \div (2 \times 4)$

㉕ $68 + 26 - (37 + 19)$

㉖ $50 - 15 + 34$

㉗ $71 - (4 + 9)$

㉘ $128 \div (8 \times 4)$

㉙ $84 \div 3 \times 2$

㉚ $48 + 8 + 9 - 26$

㉛ $45 \div 9 \times 13$

㉜ $96 \div 6 \div 4 \times 17$

㉝ $65 - (6 + 47) + 29$

㉞ $27 \times 2 \div 6$

㉟ $92 - 58 + 7$

㊱ $34 + 16 - (25 + 6)$

㊲ $70 \div (2 \times 5) \times 8$

공부 끝!

맞힌 개수 /37개

부모님 확인

오늘의 숫자 **67**에 색칠하세요.

연산 놀이터

부모님 확인

계산 결과의 값만큼 풍선이 커져. 누구의 풍선이 가장 클까?

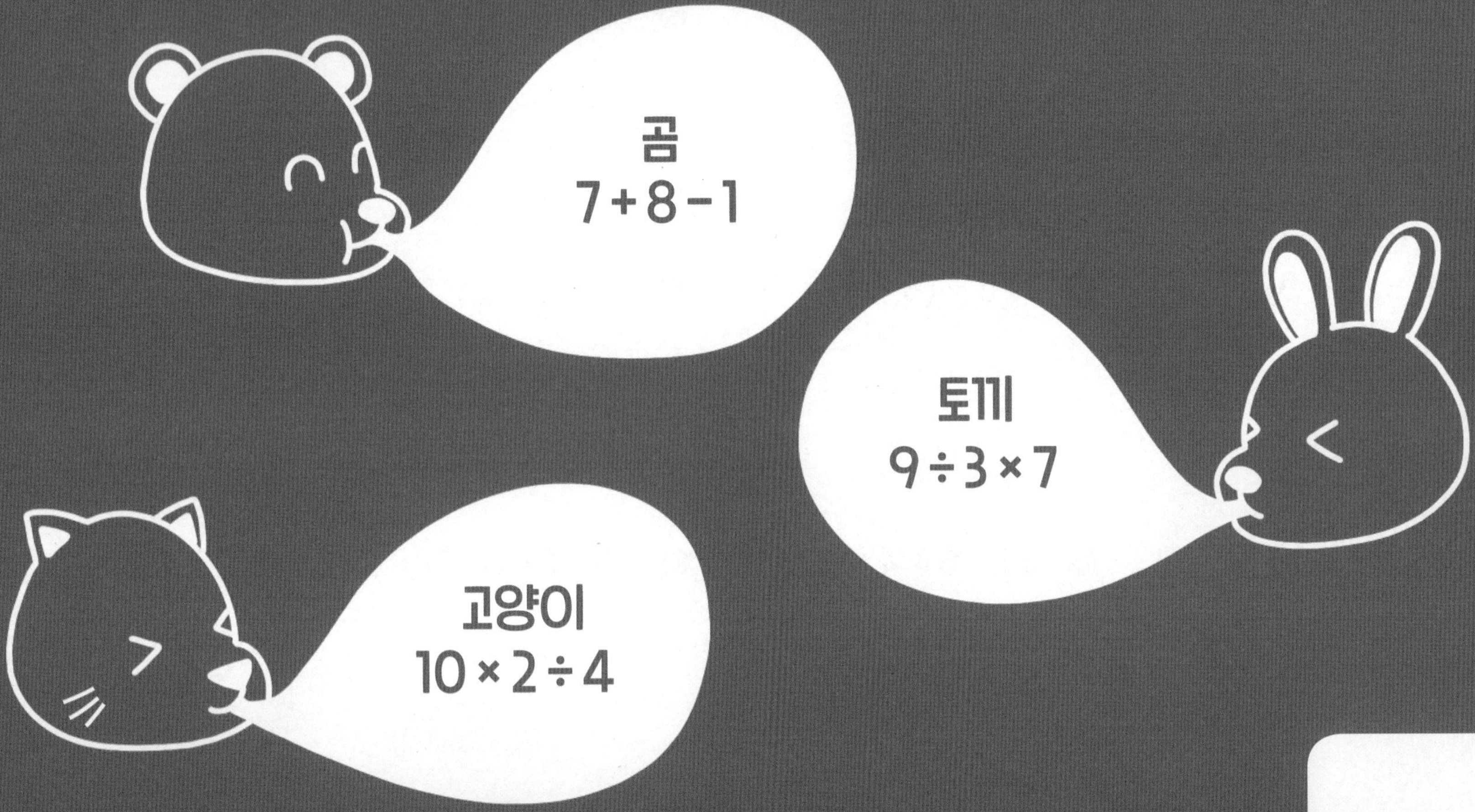

02

괄호가 없는 자연수의 혼합 계산

이번에는 무엇을 배울까?

덧셈과 뺄셈, 곱셈과 나눗셈이 섞여 있는 식

괄호가 없는 자연수의 혼합 계산

괄호가 있는 자연수의 혼합 계산

이렇게 지도해요!

❶ 먼저 설명해 주세요.

덧셈, 뺄셈, 곱셈, 나눗셈이 섞여 있을 때 계산하는 순서를 말로 풀어내었습니다. 덧셈과 뺄셈보다 곱셈과 나눗셈을 먼저 계산하는 것을 이해합니다.

❷ 수를 이해하며 계산해요.

설명을 이용하여 Day5에서 재미있게 문제를 풉니다.

❸ 충분히 연습해요.

Day6 ~ Day8의 문제 풀이를 통해 덧셈, 뺄셈, 곱셈, 나눗셈이 섞여 있는 혼합 계산을 연습하고 괄호가 있는 혼합 계산을 대비합니다.

스스로 계획을 세워요!

	공부할 날짜	목표 시간	복습할 날짜
Day 05 48	월 / 일	분 / 19개	월 / 일
Day 06 48	월 / 일	분 / 16개	월 / 일
Day 07 48	월 / 일	분 / 33개	월 / 일
Day 08 48	월 / 일	분 / 28개	월 / 일

선생님의 칠판

곱셈, 나눗셈부터 계산한 다음 앞에서부터 차례대로 계산해.

$15 + 32 - 4 \times 5 = 15 + 32 - 20$
$= 47 - 20$
$= 27$

(① 4×5, ② $15 + 32$, ③ $47 - 20$)

$41 - 12 \div 3 + 2 = 41 - 4 + 2$
$= 37 + 2$
$= 39$

(① $12 \div 3$, ② $41 - 4$, ③ $37 + 2$)

곱셈을 먼저 계산하고
앞에서부터 차례로!

나눗셈을 먼저 계산하고
앞에서부터 차례로!

Day 05

곱셈을 먼저 한 다음 앞에서부터 차례로 계산해.

$13 + 7 \times 6$

❶ 곱셈부터 계산해.

❷

곱셈을 먼저 계산!

❶ $3 \times 6 + 19 - 12$

계산하지 말고 순서만 표시해 봐.

❷ $45 - 12 + 15 \times 4$

❸ $17 + 46 - 4 \times 6$

❹ $16 \times 4 + 18 - 23$

❺ $43 - 2 \times 9 + 25$

❻ $95 + 5 - 6 \times 3$

❼ $70 + 3 \times 13 - 27$

❽ $30 + 4 \times 8 - 14$

❾ $108 - 88 + 24 \times 3$

❿ $62 - 15 \times 4 + 35$

나눗셈을 먼저 한 다음 앞에서부터 차례로 계산해.

나눗셈부터 계산해.

$29 - 56 \div 8$

❶ $56 \div 8$, ❷ $29 - $ (❶)

⓫ $8 + 14 \div 2 - 5$

나눗셈을 먼저 계산!

❶ $14 \div 2$ → ❷ $8 + $ (❶) → ❸ (❷) $- 5$

계산하지 말고 순서만 표시해 봐.

⓬ $26 - 4 + 18 \div 9$

⓭ $6 + 81 \div 9 - 3$

⓮ $42 - 64 \div 8 \div 4$

⓯ $35 - 20 \div 5 + 67$

⓰ $81 - 34 + 54 \div 9$

⓱ $96 \div 3 + 11 - 8$

⓲ $25 - 21 \div 7 + 5$

⓳ $64 \div 8 + 77 - 58$

공부 끝!

맞힌 개수 /19개

부모님 확인

오늘의 숫자 **55**에 색칠하세요.

Day 06

**곱셈, 나눗셈을 먼저!
순서에 따라
계산한 값을 써 보자.**

❶ $85 - 15 \times 4 =$ ☐

순서에 따라 계산한 값을 써 봐.

❷ $16 + 48 \div 8 =$ ☐

❸ $50 - 3 \times 8 + 22 =$ ☐

❹ $49 + 16 - 54 \div 6 =$ ☐

❺ $65 + 21 - 14 \times 4 =$ ☐

×, ÷는 +, -보다 먼저 계산해.

❻ $9 \times 6 - 28 + 43 =$ ☐

❼ $81 - 18 + 9 \times 4 =$ ☐

❽ $84 \div 7 - 5 + 19 =$ ☐

❾ 71 - 6 × 7 + 51 ÷ 17 = □

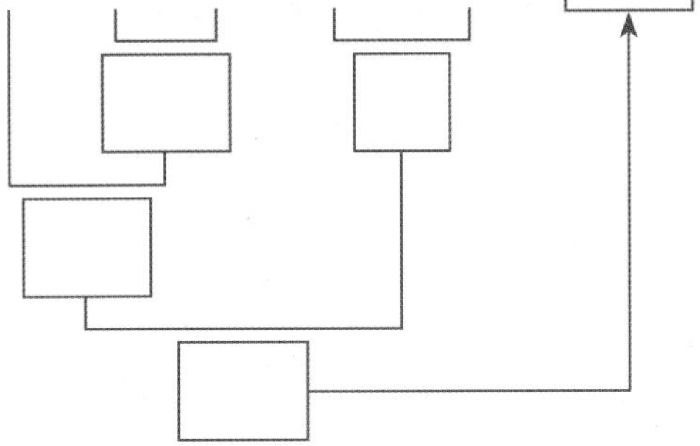

❿ 15 × 6 - 49 + 78 ÷ 6 = □

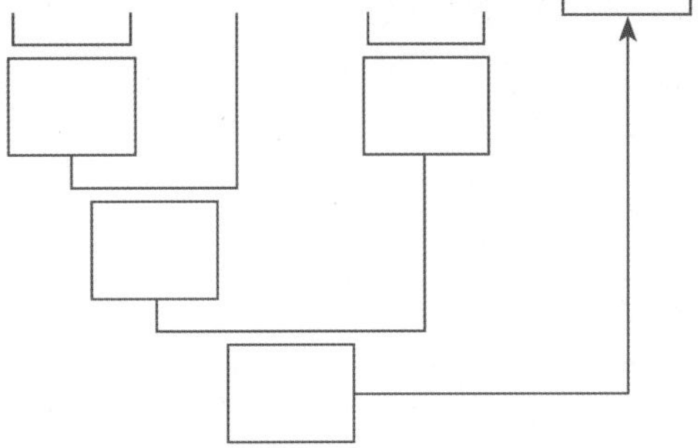

⓫ 5 + 7 × 3 - 16 ÷ 2 = □

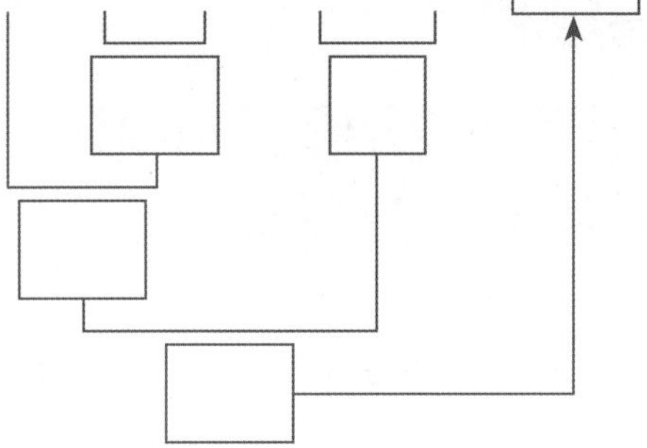

⓬ 45 ÷ 5 + 15 - 3 × 7 = □

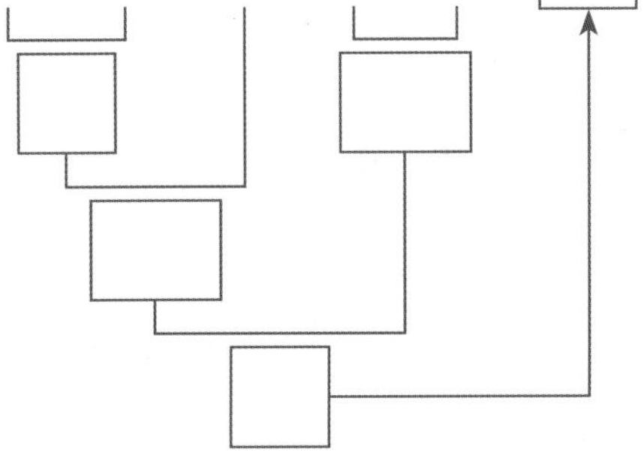

⓭ 51 - 24 ÷ 3 + 7 × 2 = □

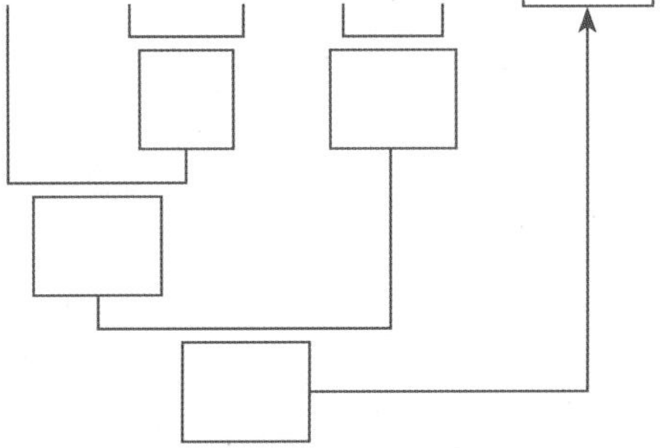

⓮ 23 - 15 + 11 × 4 ÷ 2 = □

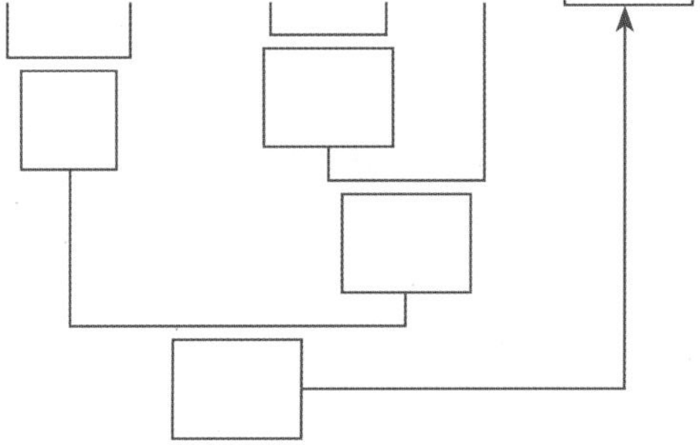

⓯ 15 × 6 - 84 ÷ 4 + 6 = □

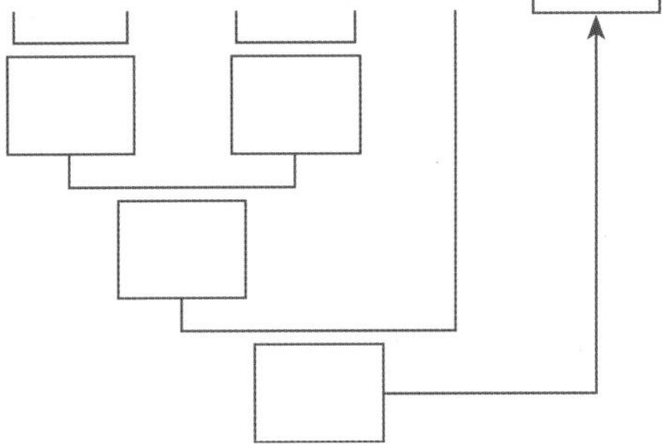

⓰ 7 + 5 × 8 - 18 ÷ 9 = □

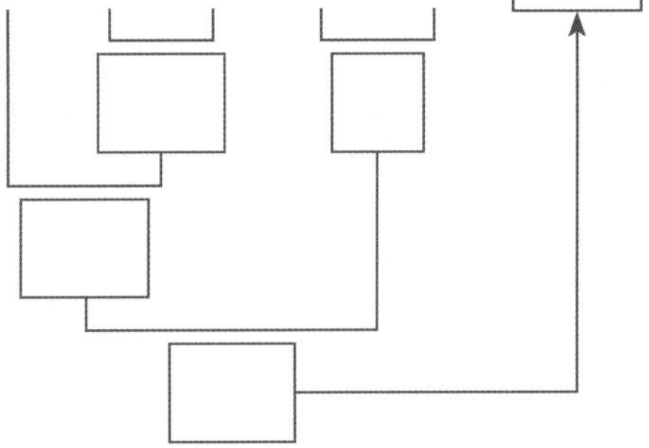

공부 끝!

맞힌 개수 /16개

부모님 확인

오늘의 숫자 **13**에 색칠하세요.

Day 07

먼저 계산 순서를 표시하면 실수를 줄일 수 있어.

❶ $6 \times 5 + 9$

30

39

❷ $12 + 7 \times 2$

❸ $32 + 15 \div 5$

❹ $9 \div 3 - 2 + 8$

❺ $60 \div 12 + 36$

❻ $45 + 17 - 63 \div 3$

❼ $7 \times 8 - 15 + 21$

❽ $37 - 5 \times 4$

❾ $44 \times 2 + 27$

❿ $13 + 46 \div 2 - 10$

⓫ $84 - 35 \div 7$

⓬ $27 \div 3 - 7 + 16$

⓭ $78 - 9 \times 7$

⓮ $81 \div 9 + 47 - 35$

⓯ $16 + 7 \times 6 - 53$

⓰ $21 \times 7 - 49$

⓱ $112 - 72 \div 18 + 15$

⓲ $16 + 35 - 7 \times 2$

⓳ $19 + 9 \times 9$

⑳ $12 \times 8 \div 3 + 6 - 12$

㉑ $23 - 15 + 11 \times 4 \div 2$

㉒ $27 + 6 \times 8 - 16 \div 2$

㉓ $64 - 25 \div 5 \times 8 + 19$

㉔ $40 \times 3 + 24 \div 3 - 25$

㉕ $62 + 49 - 32 \times 3 \div 8$

㉖ $53 - 20 \times 6 \div 8 + 24$

㉗ $13 - 5 + 12 \div 3 \times 7$

㉘ $48 \times 5 \div 10 - 19 + 27$

㉙ $30 + 26 \div 13 - 3 \times 4$

㉚ $99 - 60 \div 15 + 7 \times 11$

㉛ $36 \div 4 + 5 \times 7 - 25$

㉜ $24 \div 8 \times 2 + 39 - 18$

㉝ $75 \div 15 \times 4 - 16 + 23$

공부 끝!

맞힌 개수

/33개

부모님 확인

오늘의 숫자 **16**에 색칠하세요.

Day 08

곱하기 또는 나누기 먼저!
그 다음은 앞에서부터 차례로!

❶ $44 \times 2 + 27$

❷ $48 \div 8 \times 9 - 5 + 20$

❸ $40 + 28 \div 7 - 25$

❹ $48 - 5 \times 5$

❺ $29 + 126 \div 7 \times 5 - 50$

❻ $96 \div 8 \times 4 + 2 - 16$

❼ $72 \div 4 - 9$

❽ $110 \div 11 + 12 - 5 \times 2$

❾ $88 + 28 - 4 \times 16$

❿ $19 + 61 - 94 \div 2$

⓫ $90 - 8 \times 7 + 23$

⓬ $30 \div 2 + 4 \times 5 - 7$

⓭ $5 + 7 \times 3 - 16 \div 2$

⓮ $25 + 40 \div 8 - 30$

⑮ $92 + 9 \times 7 - 49$

⑯ $69 - 9 \times 4 + 26 \div 13$

⑰ $55 - 8 \times 4 \div 2 + 15$

⑱ $50 + 6 \times 12 \div 4 - 18$

⑲ $67 - 28 + 48 \div 8$

⑳ $52 + 25 \div 5 - 6 \times 9$

㉑ $87 - 9 \times 8 + 42 \div 6$

㉒ $54 + 13 - 63 \div 7$

㉓ $60 \times 2 - 72 \div 9 + 34$

㉔ $26 + 10 \times 4 \div 8 - 17$

㉕ $46 - 90 \div 15 \times 5 + 21$

㉖ $38 - 3 + 49 \div 7$

㉗ $25 + 9 - 72 \div 8$

㉘ $78 \div 13 \times 4 + 11 - 9$

공부 끝!

맞힌 개수

/28개

부모님 확인

오늘의 숫자 **10**에 색칠하세요.

연산 놀이터

부모님 확인

보물 상자를 열기 위해서는 알맞은 열쇠가 필요해.
맞는 열쇠를 찾아 색칠해 봐.

03

괄호가 있는 자연수의 혼합 계산

이번에는 무엇을 배울까?

괄호가 없는 자연수의 혼합 계산	**괄호가 있는 자연수의 혼합 계산**	약수와 공약수, 배수와 공배수

이렇게 지도해요!

❶ 먼저 설명해 주세요.

덧셈, 뺄셈, 곱셈, 나눗셈과 괄호가 섞여 있을 때 계산하는 순서를 말로 풀어내었습니다. 괄호가 있을 때는 가장 먼저 괄호 안을 계산하는 것을 이해합니다.

❷ 수를 이해하며 계산해요.

설명을 이용하여 Day9에서 재미있게 문제를 풉니다.

❸ 충분히 연습해요.

Day10 ~ Day12의 문제 풀이를 통해 괄호가 있는 자연수의 혼합 계산을 완성하고 약수와 배수를 대비합니다.

스스로 계획을 세워요!

	공부할 날짜	목표 시간	복습할 날짜
Day 09 / 48	월 / 일	분 / 18개	월 / 일
Day 10 / 48	월 / 일	분 / 15개	월 / 일
Day 11 / 48	월 / 일	분 / 28개	월 / 일
Day 12 / 48	월 / 일	분 / 28개	월 / 일

선생님의 칠판

괄호가 있는 식에서는 괄호를 가장 먼저 계산해.

$$4 + (12 - 4) \div 2 = 4 + 8 \div 2$$

$$= 4 + 4$$

$$= 8$$

❶ $12 - 4 = 8$

❷ $8 \div 2 = 4$

❸ $4 + 4 = 8$

Day 09

( )가 있는 식은 ( )안을 먼저 계산해.

( ) 안을 먼저 계산하고

$42 - (2 + 6) \times 5$

❶ ❷ ❸

곱셈 → 뺄셈 순서로 계산해.

❶ $98 - (33 + 15) \times 2$

❶ ❷ ❸

계산하지 말고 순서만 표시해 봐.

❷ $(14 + 7) \div 3 - 5$

❸ $12 - (8 + 3)$

❹ $39 \div (19 - 6)$

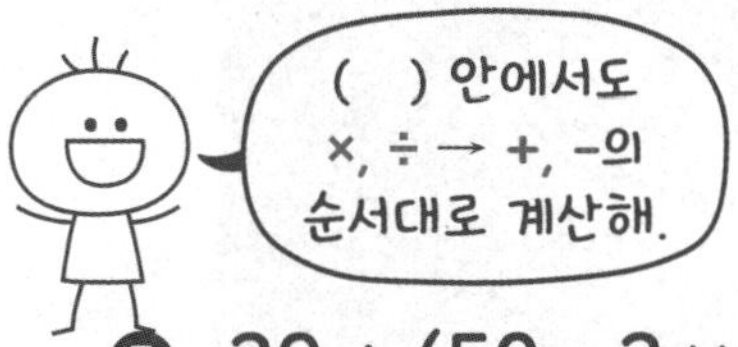

❺ $42 + (37 - 5) \div 2$

❻ $(17 + 4) \times 5 - 46$

❼ $39 + (50 - 3 \times 8)$

❽ $36 \div (21 - 17) + 12$

❾ $75 + 4 \times (19 - 6)$

❿ $65 + 15 \div (6 - 1)$

( ) 안을 먼저 계산하고

⓫ $7 \times 14 - (24 + 8) \div 4$

(계산 순서: ❶ $24 + 8$, ❷ 7×14, ❸ $(24 + 8) \div 4$, ❹ ❷ − ❸)

곱셈, 나눗셈 → 덧셈, 뺄셈의 차례대로 계산해.

⓬ $76 \div 19 \times (12 - 5) + 13$

⓭ $10 \times (13 - 5) + 12 \div 3$

⓮ $(9 + 6) \times 4 \div 3 - 2$

⓯ $2 \times 34 - 91 \div (4 + 9)$

⓰ $3 \times (62 - 26) \div 9 + 58$

⓱ $32 - (8 + 96 \div 16) \times 2$

⓲ $81 \div (19 - 10) + 2 \times 3$

공부 끝!

맞힌 개수

/18개

부모님 확인

오늘의 숫자 **71**에 색칠하세요.

Day 10

( ) 안을 먼저!
순서에 따라
계산한 값을 써 보자.

괄호 안을 계산한 다음에는 곱셈을 먼저 계산해.

❶ $32 \times (16 - 11) + 15 = \square$

❷ $72 \div (21 - 12) + 6 = \square$

❸ $(38 + 11) \div 7 - 6 = \square$

❹ $30 + (82 - 12) \div 10 = \square$

❺ $2 \times 37 - 78 \div (8 + 18) = \square$

❻ $(18 - 13) \times 9 + 6 = \square$

❼ $24 - 20 \div (2 + 3) = \square$

❽ $18 + (88 - 21 \times 4) = \square$

❾ $(74 + 31) \div 15 \times 4 - 9 = \square$

❿ $35 \div (19 - 12) \times 11 + 17 = \square$

⓫ $2 \times (41 - 3) \div 19 + 68 = \square$

⓬ $45 - 28 + 56 \div (4 \times 2) = \square$

⓭ $62 - (5 + 9) \times 4 = \square$

⓮ $(57 - 9) \div 6 + 6 \times 13 = \square$

⓯ $75 - (40 \div 2 + 3 \times 8) = \square$

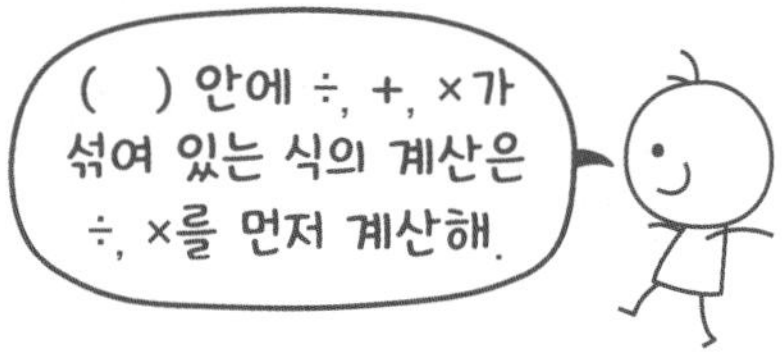

공부 끝!

맞힌 개수 /15개

부모님 확인

오늘의 숫자 **29**에 색칠하세요.

월 일 /18 분

Day 11

먼저 계산 순서를 표시하면 실수를 줄일 수 있어.

❶ (72 - 22) ÷ 5 + 2 × 16

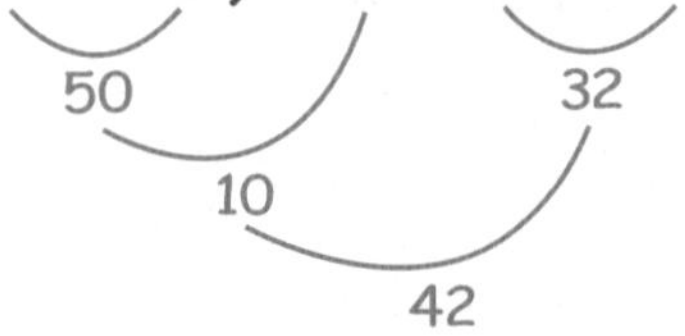

❷ 25 + 33 ÷ 11 × (32 - 18)

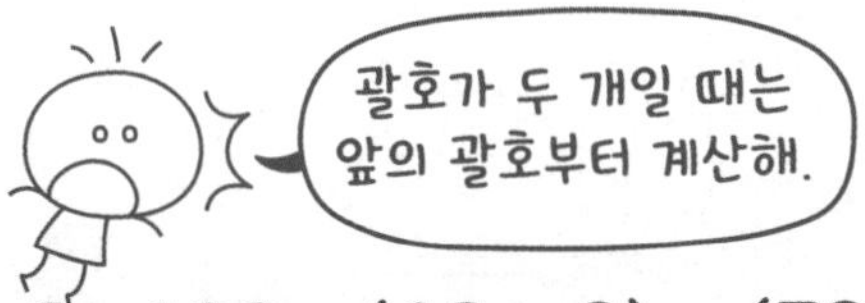

❸ (54 - 18) × 2 ÷ 3 + 26

❹ 36 ÷ (31 - 19) × 6 + 23

❺ 100 - (16 + 2) × (72 ÷ 24)

❻ 6 × (3 + 7) - 32 ÷ 16

❼ 77 - 14 + 84 ÷ (4 × 7)

❽ 61 - 75 ÷ 15 × (9 + 3)

❾ (19 + 11) × 3 - 56 ÷ 4

❿ 96 - (21 + 15) × 4 ÷ 8

⓫ 40 × 8 ÷ (9 + 7) - 5

⓬ 108 ÷ 12 - (52 - 43)

⓭ 5 + 72 ÷ (21 - 13)

⓮ (22 - 4) ÷ 3 + 6 × 7

⑮ $(39 - 15) \div 8 + 7 \times 3$

⑯ $69 - (18 + 27) \div 9 \times 5$

⑰ $41 + 60 \div (15 \times 2) - 28$

⑱ $35 \times 2 - 70 \div (4 + 3)$

⑲ $56 \times (12 - 9) \div 7 + 16$

⑳ $50 \times 6 \div 4 - (27 + 16)$

㉑ $(68 + 6) \times 5 \div 10 - 17$

㉒ $63 \div (7 + 2) + 78 - 24$

㉓ $(71 + 25) \div 8 - 4 \times 2$

㉔ $72 \div 9 \times (35 - 27) + 18$

㉕ $(36 - 3) \div 11 \times (3 + 4)$

㉖ $79 - (14 + 16) \times 4 \div 2$

㉗ $(27 + 23) \div 5 \times 2 - 16$

㉘ $(73 + 12) \times 4 - 56 \div 8$

공부 끝!

맞힌 개수

/28개

부모님 확인

오늘의 숫자 **2**에 색칠하세요.

월 일 분 /18

Day 12

(　) 안을 가장 먼저!
곱하기 또는 나누기 먼저!

❶ $60 \times 3 \div (4 + 16) - 9$

❷ $(52 - 14) \times 2 + 27 \div 9$

❸ $8 \times (12 - 9) + 6 \div 3$

❹ $45 \div (3 \times 5) - 2 + 19$

❺ $(25 + 23) \div 4 \times 2 - 5$

❻ $18 + 24 \div 6 \times (13 - 9)$

❼ $108 \div (30 - 12) \times 7 + 5$

❽ $(63 - 7) \times 3 \div 4 + 15$

❾ $38 + 15 \times (22 - 16) \div 9$

❿ $8 \times (4 + 9) - 49 \div 7$

⓫ $72 - 84 \div 12 \times (4 + 5)$

⓬ $(125 - 101) \div 6 + 7 \times 8$

⓭ $(30 \div 5) \times (14 + 8) - 80$

⓮ $97 - (57 \div 3 + 8 \times 4)$

⑮ $74 - 33 + 72 \div (3 \times 6)$

⑯ $(13 + 21) \times 4 - 51 \div 3$

⑰ $57 \div 3 \times 4 - (38 + 14)$

⑱ $32 \times (14 - 8) \div 8 + 9$

⑲ $52 \times 6 \div 8 - (12 + 18)$

⑳ $(32 - 7) \div 5 + 6 \times 4$

㉑ $28 + 96 \div (4 \times 2) - 27$

㉒ $(56 + 7) \times 5 \div 7 - 17$

㉓ $28 + 19 - 32 \div (4 \times 2)$

㉔ $(76 - 28) \times 2 + 35 \div 5$

㉕ $(58 - 22) \div 4 + 13 \times 2$

㉖ $30 \div (2 + 4) \times 5 - 7$

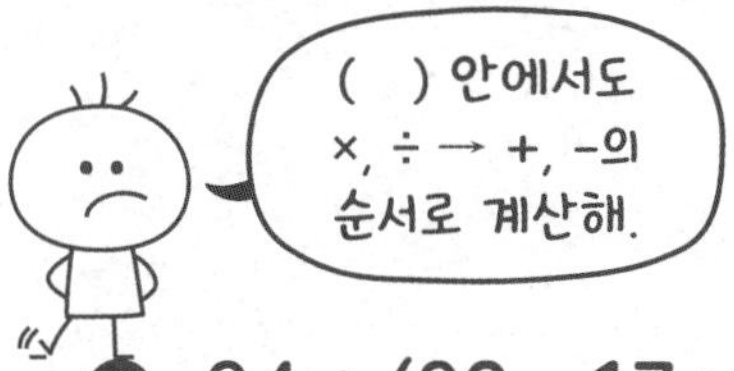

㉗ $3 \times 8 + 36 \div (12 - 8)$

㉘ $94 \div (90 - 17 \times 3 + 8)$

공부 끝!

맞힌 개수

/28개

부모님 확인

오늘의 숫자 **50**에 색칠하세요.

연산 놀이터

알맞은 곳에 여는 괄호와 닫는 괄호를 넣어야 판다가 대나무를 준다.

부모님 확인

□ 4 □ × □ 6 □ − □ 3 □ + □ 5 □ = 17

04

약수와 공약수, 배수와 공배수

이번에는 무엇을 배울까?

괄호가 있는 자연수의 혼합 계산

약수와 공약수, 배수와 공배수

공약수와 최대공약수

이렇게 지도해요!

❶ 먼저 설명해 주세요.

자연수의 범위에서 약수와 배수를 찾는 방법을 말로 풀어내었습니다. 각각의 약수와 배수를 알고 공약수와 공배수를 구하는 것을 생각해 봅니다.

❷ 수를 이해하며 계산해요.

설명을 이용하여 Day13에서 재미있게 문제를 풉니다.

❸ 충분히 연습해요.

Day14 ~ Day18의 문제 풀이를 통해 약수와 배수, 공약수와 공배수의 기초를 다지고 최대공약수와 최소공배수를 대비합니다.

스스로 계획을 세워요!

	공부할 날짜	목표 시간	복습할 날짜
Day 13/48	월 / 일	분 / 19개	월 / 일
Day 14/48	월 / 일	분 / 16개	월 / 일
Day 15/48	월 / 일	분 / 20개	월 / 일
Day 16/48	월 / 일	분 / 26개	월 / 일
Day 17/48	월 / 일	분 / 12개	월 / 일
Day 18/48	월 / 일	분 / 9개	월 / 일

선생님의 칠판

어떤 수를 나누어떨어지게 하는 수를 약수,
어떤 수를 1배, 2배, 3배, … 한 수를 배수라고 해.

4의 약수

$1 \times 4 = 4$

$2 \times 2 = 4$

8의 약수

$1 \times 8 = 8$

$2 \times 4 = 8$

4의 배수

$4 \times 1 = 4$

$4 \times 2 = 8$

$4 \times 3 = 12$

$4 \times 4 = 16$

⋮

8의 배수

$8 \times 1 = 8$

$8 \times 2 = 16$

$8 \times 3 = 24$

$8 \times 4 = 32$

⋮

두 수의 공통된 약수를 공약수,
공통된 배수를 공배수라고 해.
4와 8의 공약수는 1, 2, 4이고,
4와 8의 공배수는 8, 16, …이야.

Day 13

어떤 수를 나누어떨어지게 하는 수를 약수라고 해. 나눗셈식을 이용해서 약수를 구해 봐.

4 ÷ 1 = 4
4 ÷ 2 = 2
4 ÷ 4 = 1

4는 1, 2, 4로 나누어떨어져.

약수를 나눗셈식으로 구해 봐.

❶ 8 ÷ 1 = 8 8 ÷ 2 = 4 8 ÷ □ = 2 8 ÷ □ = 1

8의 약수: □, □, □, □

8은 1, 2, 4, 8로 나누어떨어져.

❷ 16 ÷ 1 = 16 16 ÷ 2 = 8 16 ÷ 4 = 4 16 ÷ □ = 2 16 ÷ □ = 1

16의 약수: □, □, □, □, □

1은 모든 수의 약수야.

❸ 12 ÷ □ = 12
12 ÷ □ = 6
12 ÷ □ = 4
12 ÷ □ = 3
12 ÷ □ = 2
12 ÷ □ = 1

12의 약수: ________

❹ 32 ÷ □ = 32
32 ÷ □ = 16
32 ÷ □ = 8
32 ÷ □ = 4
32 ÷ □ = 2
32 ÷ □ = 1

32의 약수: ________

❺ 45 ÷ □ = 45
45 ÷ □ = 15
45 ÷ □ = 9
45 ÷ □ = 5
45 ÷ □ = 3
45 ÷ □ = 1

45의 약수: ________

❻ 7의 약수

(　　　　　　　　　　)

❼ 27의 약수

(　　　　　　　　　　)

❽ 64의 약수

(　　　　　　　　　　)

❾ 5의 약수

(　　　　　　　　　　)

❿ 4의 약수

(　　　　　　　　　　)

⓫ 19의 약수

(　　　　　　　　　　)

⓬ 21의 약수

(　　　　　　　　　　)

⓭ 63의 약수

(　　　　　　　　　　)

⓮ 10의 약수

(　　　　　　　　　　)

⓯ 30의 약수

(　　　　　　　　　　)

⓰ 14의 약수

(　　　　　　　　　　)

⓱ 49의 약수

(　　　　　　　　　　)

⓲ 36의 약수

(　　　　　　　　　　)

⓳ 56의 약수

(　　　　　　　　　　)

공부 끝!

맞힌 개수

/19개

부모님 확인

오늘의 숫자 83에 색칠하세요.

월 일 /7 분

Day 14

곱셈식을 이용해도 약수를 구할 수 있어.

곱셈식을 써 봐.
4 = 1 × 4 = 2 × 2
4의 약수: 1, 2, 4

❶ 6의 약수: 1 × 6 = 2 × 3

→ ______________________

곱셈식에 들어 있는 수들이 약수야.

❷ 8의 약수: 1 × 8 = 2 × 4

→ ______________________

❸ 10의 약수: 1 × 10 = 2 × 5

→ ______________________

❹ 30의 약수: 1 × 30 = 2 × 15 = 3 × 10 = 5 × 6

→ ______________________

❺ 12의 약수: 1 × 12 = 2 × 6 = 3 × 4

→ ______________________

❻ 16의 약수: 1 × 16 = 2 × 8 = 4 × 4

→ ______________________

❼ 72의 약수: 1 × 72 = 2 × 36 = 3 × 24 = 4 × 18 = 6 × 12 = 8 × 9

→ ______________________

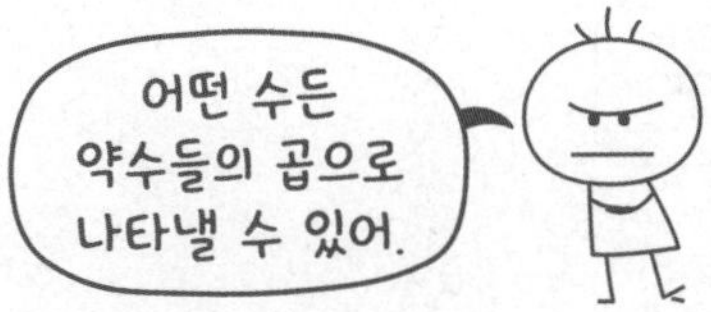

❽ 20의 약수: $1 \times 20 = 2 \times \square = 4 \times \square$

➜ ____________________

❾ 18의 약수: $1 \times 18 = 2 \times \square = 3 \times \square$

➜ ____________________

❿ 45의 약수: $1 \times 45 = 3 \times \square = 5 \times \square$

➜ ____________________

⓫ 24의 약수: $1 \times 24 = 2 \times 12 = 3 \times \square = 4 \times \square$

➜ ____________________

⓬ 15의 약수: $1 \times 15 = 3 \times \square$

➜ ____________________

⓭ 25의 약수: $1 \times 25 = 5 \times \square$

➜ ____________________

⓮ 9의 약수: $1 \times 9 = 3 \times \square$

➜ ____________________

⓯ 28의 약수: $1 \times 28 = 2 \times \square = 4 \times \square$

➜ ____________________

⓰ 40의 약수: $1 \times 40 = 2 \times 20 = 4 \times \square = 5 \times \square$

➜ ____________________

공부 끝!

맞힌 개수

/16개

부모님 확인

오늘의 숫자 99에 색칠하세요.

월 일 분 /10

Day 15

어떤 수를 1배, 2배, 3배, … 한 수를 배수라고 해. 곱셈식을 이용해서 배수를 구해 봐.

$2 \times 1 = 2$
$2 \times 2 = 4$
$2 \times 3 = 6$
…

2의 배수는 2를 1배, 2배, 3배, … 한 수야.

❶ $3 \times 1 = 3$ (3의 1배) $3 \times 2 = 6$ (3의 2배) $3 \times 3 = \square$ (3의 3배) $3 \times 4 = \square$ (3의 4배)

3의 배수: $\square$, $\square$, $\square$, $\square$

작은 수부터 4개만 구해 봐.

❷ $4 \times 1 = 4$ $4 \times 2 = 8$ $4 \times 3 = \square$ $4 \times 4 = \square$

4의 배수: $\square$, $\square$, $\square$, $\square$

❸ $7 \times 1 = 7$ $7 \times 2 = 14$ $7 \times 3 = \square$ $7 \times 4 = \square$

7의 배수: $\square$, $\square$, $\square$, $\square$

가장 작은 배수는 1배 한 수야.

❹ $5 \times 1 = \square$
$5 \times 2 = \square$
$5 \times 3 = \square$
$5 \times 4 = \square$

5의 배수: ________

❺ $9 \times 1 = \square$
$9 \times 2 = \square$
$9 \times 3 = \square$
$9 \times 4 = \square$

9의 배수: ________

❻ $13 \times 1 = \square$
$13 \times 2 = \square$
$13 \times 3 = \square$
$13 \times 4 = \square$

13의 배수: ________

작은 수부터 5개만 구해 봐.

❼ 8의 배수

(　　　　　　　　　　)

❽ 10의 배수

(　　　　　　　　　　)

❾ 6의 배수

(　　　　　　　　　　)

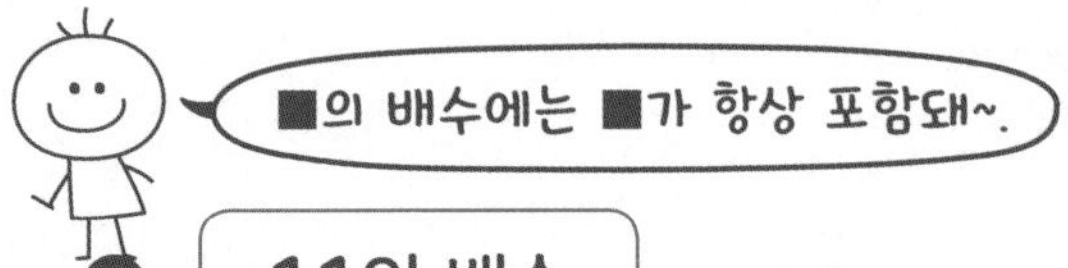

❿ 15의 배수

(　　　　　　　　　　)

⓫ 11의 배수

(　　　　　　　　　　)

⓬ 20의 배수

(　　　　　　　　　　)

⓭ 14의 배수

(　　　　　　　　　　)

⓮ 25의 배수

(　　　　　　　　　　)

⓯ 34의 배수

(　　　　　　　　　　)

⓰ 28의 배수

(　　　　　　　　　　)

⓱ 12의 배수

(　　　　　　　　　　)

⓲ 17의 배수

(　　　　　　　　　　)

⓳ 30의 배수

(　　　　　　　　　　)

⓴ 45의 배수

(　　　　　　　　　　)

공부 끝!

맞힌 개수　　/20개

부모님 확인

오늘의 숫자 **47**에 색칠하세요.

Day 16

나누어떨어지거나 몇 배 한 두 수를 찾아 ○표 해 봐. 두 수는 약수와 배수의 관계야.

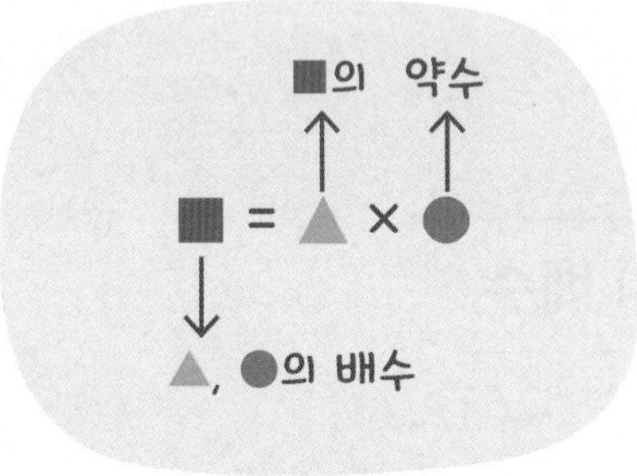

❶ | 32 | 8 | ( )

32÷8=4 나누어떨어지므로 약수와 배수의 관계야.

❷ | 11 | 44 | ( )

11×4=44 11을 4배 한 수이므로 약수와 배수의 관계야.

❸ | 69 | 31 | ( )

❹ | 64 | 7 | ( )

❺ | 12 | 72 | ( )

❻ | 13 | 56 | ( )

❼ | 25 | 120 | ( )

❽ | 6 | 96 | ( )

❾ | 14 | 42 | ( )

❿ | 81 | 9 | ( )

⓫ | 148 | 12 | ( )

⓬ | 38 | 19 | ( )

⑬

2	6

(　　　)

⑭

3	51

(　　　)

⑮

47	7

(　　　)

⑯

60	12

(　　　)

⑰

24	98

(　　　)

⑱

58	9

(　　　)

⑲

18	72

(　　　)

⑳

23	39

(　　　)

㉑

100	25

(　　　)

㉒

9	59

(　　　)

㉓

14	140

(　　　)

㉔

22	55

(　　　)

㉕

23	69

(　　　)

㉖

60	15

(　　　)

공부 끝!

맞힌 개수

/26개

부모님 확인

오늘의 숫자 **9**에 색칠하세요.

Day 17

두 수의 약수 중 같은 수에 ○표 하고 공통인 약수를 찾아봐.

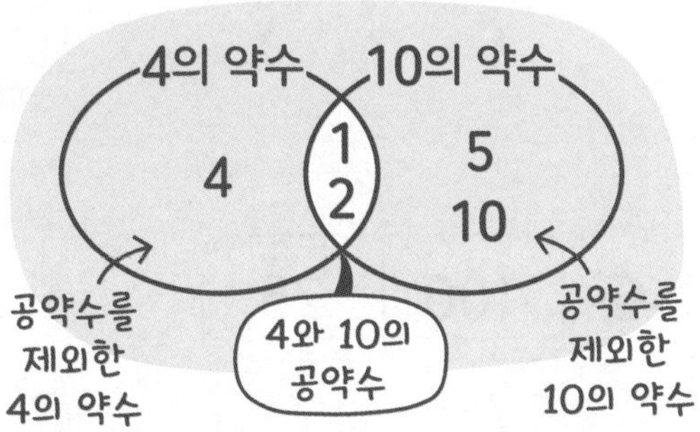

공통인 약수에 ○표 해.

❶ 10의 약수: ①, ②, 5, 10

16의 약수: ①, ②, 4, 8, 16

→ 공약수: □, □

10의 약수도 되고 16의 약수도 되는 수

❷ 6의 약수: 1, 2, 3, 6

9의 약수: 1, 3, 9

→ 공약수: □, □

❸ 21의 약수: 1, 3, 7, 21

35의 약수: 1, 5, 7, 35

→ 공약수: □, □

❹ 8의 약수: 1, 2, 4, 8

12의 약수: 1, 2, 3, 4, 6, 12

→ 공약수: □, □, □

❺ 12의 약수: 1, 2, 3, 4, 6, 12

18의 약수: 1, 2, 3, 6, 9, 18

→ 공약수: □, □, □, □

❻ 16의 약수: 1, 2, 4, 8, 16

28의 약수: 1, 2, 4, 7, 14, 28

→ 공약수: □, □, □

❼ 15의 약수: 1, 3, 5, 15

25의 약수: 1, 5, 25

→ 공약수: □, □

❽ (18, 27)

18의 약수: ____________________

27의 약수: ____________________

→ 공약수: ☐, ☐, ☐

❾ (20, 24)

20의 약수: ____________________

24의 약수: ____________________

→ 공약수: ☐, ☐, ☐

❿ (27, 45)

27의 약수: ____________________

45의 약수: ____________________

→ 공약수: ☐, ☐, ☐

⓫ (42, 14)

42의 약수: ____________________

14의 약수: ____________________

→ 공약수: ☐, ☐, ☐, ☐

⓬ (36, 24)

36의 약수: ____________________

24의 약수: ____________________

→ 공약수: ☐, ☐, ☐, ☐, ☐, ☐

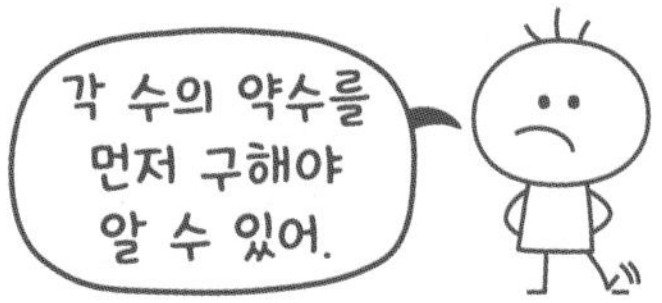

공부 끝!

맞힌 개수 /12개

부모님 확인

오늘의 숫자 66에 색칠하세요.

Day 18

두 수의 배수 중 같은 수에 ○표 하고 공통인 배수를 찾아봐.

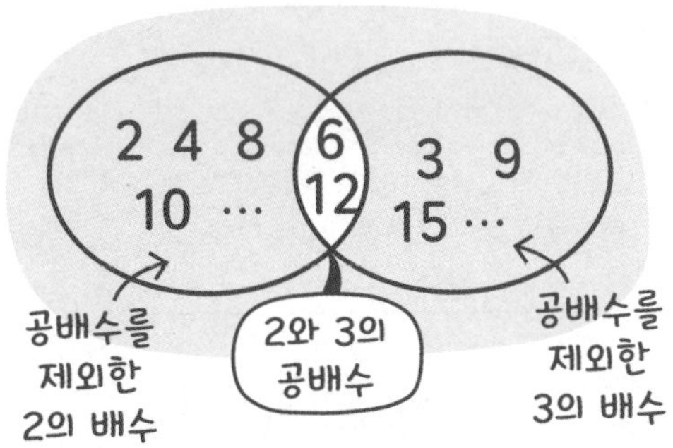

공통인 배수에 ○표 해.

❶ 4의 배수: 4, 8, (12), 16, 20, (24), 28, 32, (36), …

6의 배수: 6, (12), 18, (24), 30, (36), 42, …

→ 공배수: ☐, ☐, ☐

작은 수부터 3개만 구해 봐.

4의 배수도 되고 6의 배수도 되는 수

❷ 5의 배수: 5, 10, 15, 20, 25, 30, 35, …

10의 배수: 10, 20, 30, 40, …

→ 공배수: ☐, ☐, ☐

❸ 3의 배수: 3, 6, 9, 12, 15, 18, 21, 24, 27, 30, 33, 36, …

4의 배수: 4, 8, 12, 16, 20, 24, 28, 32, 36, …

→ 공배수: ☐, ☐, ☐

❹ 6의 배수: 6, 12, 18, 24, 30, 36, 42, 48, 54, 60, 66, 72, …

8의 배수: 8, 16, 24, 32, 40, 48, 56, 64, 72, 80, …

→ 공배수: ☐, ☐, ☐

❺ (6, 15) 배수는 작은 수부터 5개만 구해 봐.

6의 배수: ____________________

15의 배수: ____________________

→ 공배수: ☐, ☐, ☐

공배수는 작은 수부터 3개만 구해 봐.

❻ (2, 6)

2의 배수: ____________________

6의 배수: ____________________

→ 공배수: ☐, ☐, ☐

❼ (8, 12)

8의 배수: ____________________

12의 배수: ____________________

→ 공배수: ☐, ☐, ☐

❽ (11, 22)

11의 배수: ____________________

22의 배수: ____________________

→ 공배수: ☐, ☐, ☐

❾ (4, 10)

4의 배수: ____________________

10의 배수: ____________________

→ 공배수: ☐, ☐, ☐

공부 끝!

맞힌 개수 /9개

부모님 확인

오늘의 숫자 43에 색칠하세요.

연산 놀이터

부모님 확인

공약수와 공배수 나무에 사과가 열렸어. 주어진 두 수의 공약수와 공배수가 쓰인 사과만 먹을 수 있다고 하면 먹을 수 있는 사과는 모두 몇 개일까?

05

공약수와 최대공약수

이번에는 무엇을 배울까?

약수와 공약수,
배수와 공배수

공약수와 최대공약수

공배수와 최소공배수

이렇게 지도해요!

❶ **먼저 설명해 주세요.**

공약수를 알고 최대공약수를 찾는 과정을 말로 풀어내었습니다. 공통인 약수 중에서 가장 큰 수인 최대공약수를 구하는 여러 가지 방법을 생각해 봅니다.

❷ **수를 이해하며 계산해요.**

설명을 이용하여 Day19에서 재미있게 문제를 풉니다.

❸ **충분히 연습해요.**

Day20 ~ Day22의 문제 풀이를 통해 최대공약수를 충분히 익히고 공배수와 최소공배수를 대비합니다.

스스로 계획을 세워요!

	공부할 날짜	목표 시간	복습할 날짜
Day 19/48	월 / 일	분 / 11개	월 / 일
Day 20/48	월 / 일	분 / 15개	월 / 일
Day 21/48	월 / 일	분 / 14개	월 / 일
Day 22/48	월 / 일	분 / 21개	월 / 일

선생님의 칠판

공약수 중 가장 큰 수를 최대공약수라고 해.

16의 약수 :	1,	2,		4,		8,		16
24의 약수 :	1,	2,	3,	4,	6,	8,	12,	24
공약수 :	1,	2,		4,		8		
최대공약수 :						8		

Day 19

두 수의 공약수 중에서 가장 큰 수를 찾아봐.

❶ 각 수의 약수를 구해.
4의 약수: 1, 2, 4
6의 약수: 1, 2, 3, 6
공약수: 1, 2
최대공약수: 2 ❷ 공약수 중 가장 큰 수를 구해.

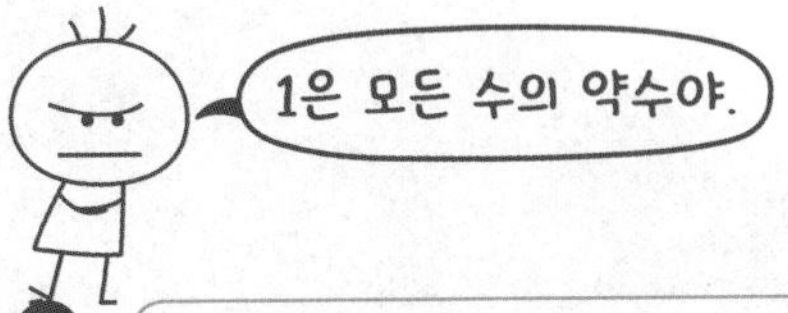

❶
4의 약수: 1, 2, 4
10의 약수: 1, 2, 5, 10

4와 10의 공약수: □, □

4와 10의 최대공약수: □

❷
24의 약수: 1, 2, 3, 4, 6, 8, 12, 24
32의 약수: 1, 2, 4, 8, 16, 32

24와 32의 공약수: □, □, □, □

24와 32의 최대공약수: □

❸
14의 약수: 1, 2, 7, 14
28의 약수: 1, 2, 4, 7, 14, 28

14와 28의 공약수: □, □, □, □

14와 28의 최대공약수: □

❹
15의 약수: 1, 3, 5, 15
25의 약수: 1, 5, 25

15와 25의 공약수: □, □

15와 25의 최대공약수: □

❺ (8, 20)

8과 20의 공약수: ____________

8과 20의 최대공약수: ____________

❻ (10, 18)

10과 18의 공약수: ____________

10과 18의 최대공약수: ____________

❼ (15, 27)

15와 27의 공약수: ____________

15와 27의 최대공약수: ____________

❽ (28, 36)

28과 36의 공약수: ____________

28과 36의 최대공약수: ____________

❾ (30, 12)

30과 12의 공약수: ____________

30과 12의 최대공약수: ____________

❿ (22, 33)

22와 33의 공약수: ____________

22와 33의 최대공약수: ____________

⓫ (18, 54)

18과 54의 공약수: ____________

18과 54의 최대공약수: ____________

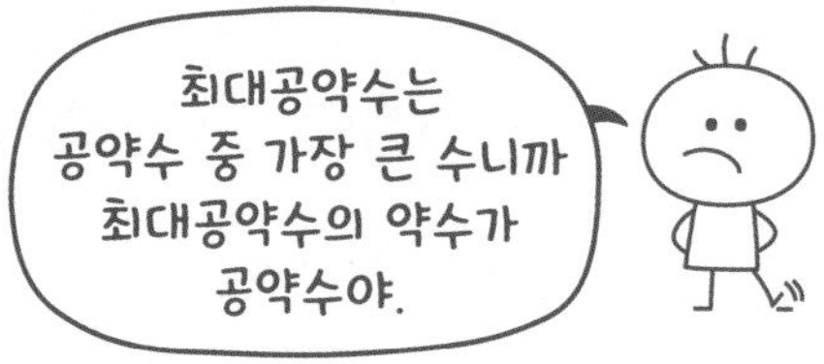

공부 끝!

맞힌 개수

/11개

부모님 확인

오늘의 숫자 **20**에 색칠하세요.

Day 20

두 수를 여러 수의 곱으로 나타내어 최대공약수를 구해 봐.

❶ 두 수를 여러 수의 곱으로 나타내.

12 = 2 × 2 × 3

30 = 2 × 3 × 5

최대공약수: 2 × 3 = 6

❷ 공통으로 들어 있는 수만 골라서 곱해.

❶ 12 = 2 × 2 × 3

18 = 2 × 3 × 3

공통인 수

→ 12와 18의 최대공약수:

□ × □ = □

공통으로 들어 있는 수만 곱해.

❷ 16 = 2 × 2 × 2 × 2

20 = 2 × 2 × 5

→ 16과 20의 최대공약수:

□ × □ = □

❸ 28 = 2 × 2 × 7

42 = 2 × 3 × 7

→ 28과 42의 최대공약수:

□ × □ = □

❹ 42 = 2 × 3 × 7

84 = 2 × 2 × 3 × 7

→ 42와 84의 최대공약수:

□ × □ × □ = □

❺ 40 = 2 × 2 × 2 × 5

50 = 2 × 5 × 5

→ 40과 50의 최대공약수:

□ × □ = □

❻ 18 = 2 × 3 × 3

24 = 2 × 2 × 2 × 3

→ 18과 24의 최대공약수:

□ × □ = □

❼ 27 = 3 × 3 × 3

63 = 3 × 3 × 7

→ 27과 63의 최대공약수:

□ × □ = □

❽

12 = 2 × 2 × □

16 = 2 × 2 × 2 × □

→ 12와 16의 최대공약수:

□ × □ = □

❾

40 = 2 × 2 × 2 × □

70 = 2 × 5 × □

→ 40과 70의 최대공약수:

□ × □ = □

❿

36 = 2 × 2 × 3 × □

54 = 2 × 3 × 3 × □

→ 36과 54의 최대공약수:

□ × □ × □ = □

⓫

14 = 2 × □

28 = 2 × □ × □

→ 14와 28의 최대공약수:

□ × □ = □

⓬

8 = 2 × □ × □

12 = 2 × □ × □

→ 8과 12의 최대공약수:

□ × □ = □

⓭

10 = 2 × □

20 = 2 × □ × □

→ 10과 20의 최대공약수:

□ × □ = □

⓮

24 = 2 × 2 × □ × □

60 = 2 × 2 × □ × □

→ 24와 60의 최대공약수:

□ × □ × □ = □

⓯

48 = 2 × 2 × 2 × □ × □

56 = 2 × 2 × □ × □

→ 48과 56의 최대공약수:

□ × □ × □ = □

공부 끝!

맞힌 개수 / 15개

부모님 확인

오늘의 숫자 87에 색칠하세요.

Day 21

공약수가 1뿐일 때까지 두 수를 나누어 최대공약수를 구해 봐.

❶ 거꾸로 나눗셈으로 구해.

12와 18의 공약수 → 2) 12 18

6과 9의 공약수 → 3) 6 9

2 3 ← 공약수가 1뿐일 때까지 나눠.

12와 18의 최대공약수:

2 × 3 = 6

❷ 나눈 공약수들을 곱해.

❶ 2) 20 30

5) 10 15

2 □

↓ 방향의 수끼리 곱해 봐.

→ 최대공약수: □ × □ = □

❷ 2) 24 28

2) 12 14

□ □

→ 최대공약수: □ × □ = □

❸ 2) 6 8

□ □

→ 최대공약수: □

❹ 3) 15 21

□ □

→ 최대공약수: □

❺ 3) 27 45

3) 9 □

□ □

→ 최대공약수: □ × □ = □

❻ 2) 32 36

2) 16 □

□ □

→ 최대공약수: □ × □ = □

❼ 2) 48 66

3) □ 33

□ □

→ 최대공약수: □ × □ = □

❽ □) 6 9
□ □
→ 최대공약수: □

❾ □) 10 25
□ □
→ 최대공약수: □

❿ □) 44 33
□ □
→ 최대공약수: □

⓫ □) 27 18
□) □ □
□ □
→ 최대공약수:
□ × □ = □

⓬ □) 20 24
□) □ □
□ □
→ 최대공약수:
□ × □ = □

⓭ □) 21 63
□) □ □
□ □
→ 최대공약수:
□ × □ = □

⓮ □) 40 56
□) □ □
□) □ □
□ □
→ 최대공약수:
□ × □ × □ = □

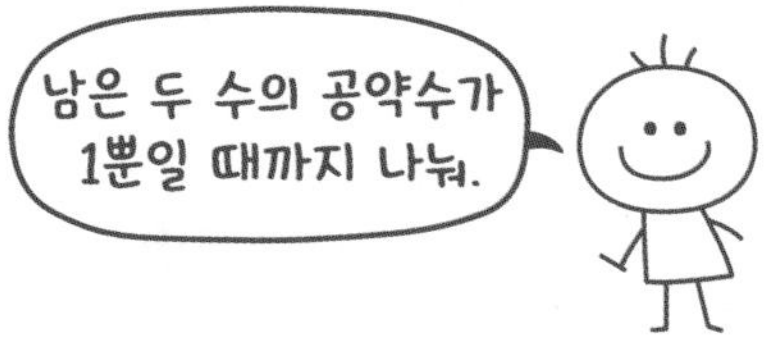

공부 끝!
맞힌 개수 /14개
부모님 확인

오늘의 숫자 59에 색칠하세요.

Day 22

**두 수를
공통으로 나눌 수 있는 수를
모두 곱한 수가 최대공약수야.**

❶) 9 12

→ 최대공약수: □

❷) 14 21

→ 최대공약수: □

❸) 10 16

→ 최대공약수: □

❹) 90 70

→ 최대공약수: □

❺) 18 24

→ 최대공약수: □

❻) 40 20

→ 최대공약수: □

❼) 54 36

→ 최대공약수: □

❽) 60 72

→ 최대공약수: □

여러 수의 곱으로 나타내거나
공약수로 나누어서
두 수의 최대공약수를 구해 봐.

❾ (10, 18)

(　　　　　　)

❿ (15, 20)

(　　　　　　)

⓫ (21, 35)

(　　　　　　)

⓬ (22, 33)

(　　　　　　)

⓭ (48, 60)

(　　　　　　)

⓮ (72, 54)

(　　　　　　)

⓯ (84, 60)

(　　　　　　)

⓰ (96, 72)

(　　　　　　)

⓱ (24, 32)

(　　　　　　)

⓲ (45, 63)

(　　　　　　)

⓳ (42, 84)

(　　　　　　)

⓴ (30, 45)

(　　　　　　)

㉑ (40, 32)

(　　　　　　)

공부 끝!

맞힌 개수

/21개

부모님 확인

오늘의 숫자 **44**에 색칠하세요.

연산 놀이터

꽃밭에 공약수 꽃이 피었어.
꽃잎에 두 수의 공약수를 쓰고 최대공약수 꽃잎에 ○표 해 봐.

부모님 확인

06

공배수와 최소공배수

이번에는 무엇을 배울까?

공약수와 최대공약수 | 공배수와 최소공배수 | 약분과 통분

이렇게 지도해요!

❶ 먼저 설명해 주세요.

공배수를 알고 최소공배수를 찾는 과정을 말로 풀어내었습니다. 공통인 배수 중에서 가장 작은 수인 최소공배수를 구하는 여러 가지 방법을 생각해 봅니다.

❷ 수를 이해하며 계산해요.

설명을 이용하여 Day23에서 재미있게 문제를 풉니다.

❸ 충분히 연습해요.

Day24 ~ Day27의 문제 풀이를 통해 최소공배수를 충분히 익히고 약분과 통분을 대비합니다.

스스로 계획을 세워요!

	공부할 날짜	목표 시간	복습할 날짜
Day 23/48	월 / 일	분 / 11개	월 / 일
Day 24/48	월 / 일	분 / 9개	월 / 일
Day 25/48	월 / 일	분 / 9개	월 / 일
Day 26/48	월 / 일	분 / 21개	월 / 일
Day 27/48	월 / 일	분 / 13개	월 / 일

선생님의 칠판

공배수 중 가장 작은 수를 최소공배수라고 해.

3의 배수 :	3,	6,	9,	12,	15,	18,	21,	24,	…
4의 배수 :		4,	8,	12,	16,	20,		24,	…
공배수 :				12,				24,	…
최소공배수 :				12					

3과 4의 공배수 12, 24, …는
최소공배수 12의 배수와 같아.

Day 23

두 수의 공배수 중에서 가장 작은 수를 찾아봐.

❶ 각 수의 배수를 구해.
3의 배수: 3, 6, 9, 12, …
4의 배수: 4, 8, 12, 16, …
공배수: 12, 24, …
최소공배수: 12 ❷ 공배수 중 가장 작은 수를 구해.

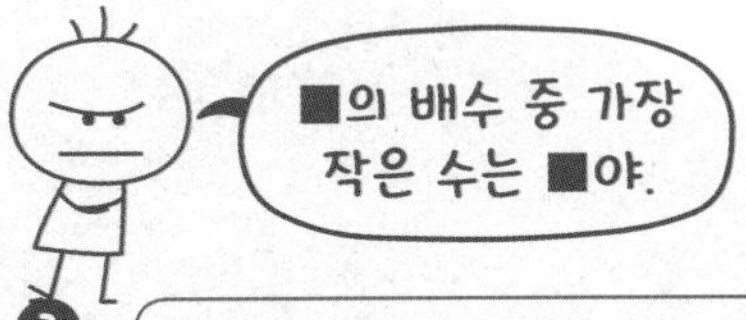

❶
2의 배수: 2, 4, 6, 8, …
3의 배수: 3, 6, 9, 12, …

2와 3의 공배수: □, □, …

2와 3의 최소공배수: □

❷
6의 배수: 6, 12, 18, 24, …
8의 배수: 8, 16, 24, 32, …

6과 8의 공배수: □, □, …

6과 8의 최소공배수: □

❸
4의 배수: 4, 8, 12, 16, …
6의 배수: 6, 12, 18, 24, …

4와 6의 공배수: □, □, …

4와 6의 최소공배수: □

❹
12의 배수: 12, 24, 36, 48, …
16의 배수: 16, 32, 48, 64, …

12와 16의 공배수: □, □, …

12와 16의 최소공배수: □

❺ (6, 15)

작은 수부터 3개만 구해 봐.

6과 15의 공배수: ______________________

6과 15의 최소공배수: ____________________

❻ (3, 5)

3과 5의 공배수: ______________________

3과 5의 최소공배수: ____________________

❼ (7, 9)

7과 9의 공배수: ______________________

7과 9의 최소공배수: ____________________

❽ (8, 10)

8과 10의 공배수: ______________________

8과 10의 최소공배수: ____________________

❾ (5, 2)

5와 2의 공배수: ______________________

5와 2의 최소공배수: ____________________

❿ (15, 10)

15와 10의 공배수: ______________________

15와 10의 최소공배수: ____________________

⓫ (12, 8)

12와 8의 공배수: ______________________

12와 8의 최소공배수: ____________________

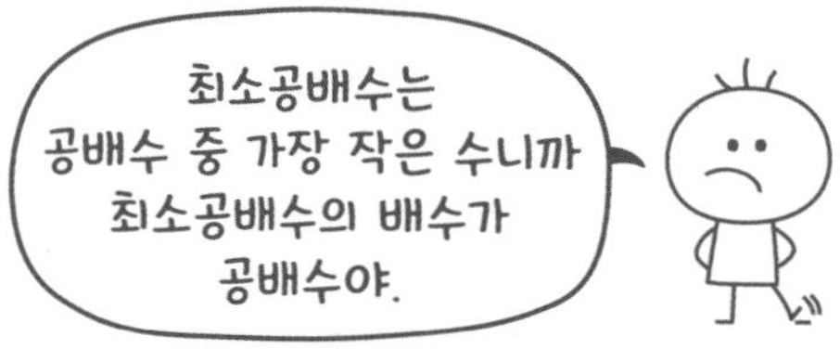

공부 끝!

맞힌 개수

/11개

부모님 확인

오늘의 숫자 **36**에 색칠하세요.

Day 24

두 수를 여러 수의 곱으로 나타내어 최소공배수를 구해 봐.

❶ 두 수를 여러 수의 곱으로 나타내.

24 = 2 × 2 × 2 × 3

30 = 2 × 3 × 5

최소공배수:

2 × 3 × 2 × 2 × 5 = 120

공통인 수 남은 수

❷ 공통으로 들어 있는 수와 나머지 수를 모두 곱해.

❶ 12 = 2 × 2 × 3

20 = 2 × 2 × 5

공통인 수에 공통이 아닌 수도 곱해야 최소공배수야.

→ 12와 20의 최소공배수:

2 × 2 × □ × □ = □

공통으로 들어 있는 수 / 나머지 수

❷ 42 = 2 × 3 × 7

56 = 2 × 2 × 2 × 7

→ 42와 56의 최소공배수:

2 × 7 × □ × □ × □ = □

❸ 16 = 2 × 2 × 2 × 2

20 = 2 × 2 × 5

→ 16과 20의 최소공배수:

2 × 2 × □ × □ × □ = □

❹ 9 = 3 × 3

21 = 3 × 7

→ 9와 21의 최소공배수:

3 × □ × □ = □

❺

$25 = 5 \times \square$

$45 = 3 \times \square \times \square$

→ 25와 45의 최소공배수:

$\square \times \square \times \square \times \square = \square$

❻

$8 = 2 \times 2 \times \square$

$18 = 2 \times \square \times \square$

→ 8과 18의 최소공배수:

$\square \times \square \times \square \times \square \times \square = \square$

❼

$28 = 2 \times 2 \times \square$

$12 = 2 \times \square \times \square$

→ 28과 12의 최소공배수:

$\square \times \square \times \square \times \square = \square$

❽

$30 = 2 \times 3 \times \square$

$42 = 2 \times \square \times \square$

→ 30과 42의 최소공배수:

$\square \times \square \times \square \times \square = \square$

❾

$15 = 3 \times \square$

$24 = 2 \times \square \times \square \times \square$

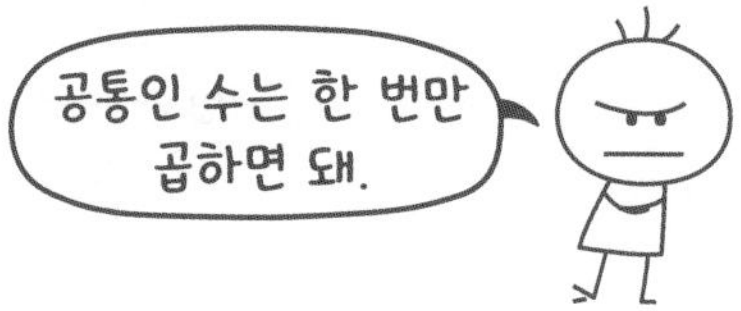

→ 15와 24의 최소공배수:

$\square \times \square \times \square \times \square \times \square = \square$

공부 끝!

맞힌 개수

/9개

부모님 확인

오늘의 숫자 **30**에 색칠하세요.

Day 25

공약수가 1뿐일 때까지 두 수를 나누어 최소공배수를 구해 봐.

❶ 거꾸로 나눗셈으로 구해.

12와 18의 공약수 → [2]) 12 18

6과 9의 공약수 → [3]) 6 9

[2 3] ← 공약수가 1뿐!

12와 18의 최소공배수:

[2]×[3]×[2 × 3] = 36

❷ 공약수와 남은 두 수도 모두 곱해.

❶ 2) 8 20

2) 4 10

[ ] [ ]

↳ 방향의 수끼리 곱해 봐.

→ 최소공배수:

[2] × [2] × [2] × [ ] = [ ]

❷ 7) 14 21

[ ] [ ]

→ 최소공배수:

[ ] × [ ] × [ ] = [ ]

❸ 5) 25 45

[ ] [ ]

→ 최소공배수:

[ ] × [ ] × [ ] = [ ]

❹ 2) 24 36

2) 12 18

3) 6 9

[ ] [ ]

→ 최소공배수:

[ ] × [ ] × [ ] × [ ] × [ ] = [ ]

❺ □) 6 9
□ □

공약수가 1뿐인지 꼭 확인해.

→ **최소공배수:**

□ × □ × □ = □

❻ □) 14 10
□ □

→ **최소공배수:**

□ × □ × □ = □

❼ □) 27 18
□) □ □
□ □

→ **최소공배수:**

□ × □ × □ × □ = □

❽ □) 30 42
□) □ □
□ □

→ **최소공배수:**

□ × □ × □ × □ = □

❾ □) 30 12
□) □ □
□ □

→ **최소공배수:**

□ × □ × □ × □ = □

30과 12의 공약수로 나눌 수 있을 때까지 나눠!

공부 끝!

맞힌 개수

/9개

부모님 확인

오늘의 숫자 **3**에 색칠하세요.

Day 26

두 수를 공통으로 나눌 수 있는 수, 공통으로 나눌 수 없는 수를 모두 곱한 수가 최소공배수야.

❶) 2 8

→ 최소공배수: □

❷) 48 12

→ 최소공배수: □

❸) 7 14

→ 최소공배수: □

❹) 15 9

→ 최소공배수: □

❺) 14 28

→ 최소공배수: □

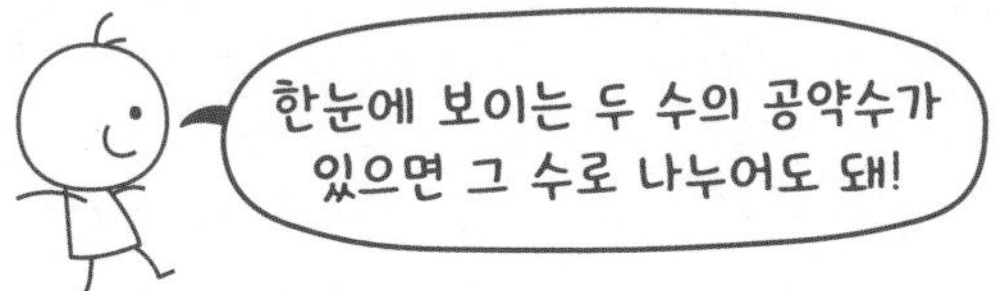

❻) 12 18

→ 최소공배수: □

❼) 20 10

→ 최소공배수: □

❽) 27 45

→ 최소공배수: □

여러 수의 곱으로 나타내거나 공약수로 나누어서 두 수의 최소공배수를 구해 봐.

❾ (33, 44)

(　　　　　　)

❿ (25, 35)

(　　　　　　)

⓫ (8, 12)

(　　　　　　)

⓬ (30, 50)

(　　　　　　)

⓭ (4, 14)

(　　　　　　)

⓮ (12, 6)

(　　　　　　)

⓯ (21, 28)

(　　　　　　)

⓰ (36, 20)

(　　　　　　)

⓱ (9, 24)

(　　　　　　)

⓲ (22, 44)

(　　　　　　)

⓳ (18, 30)

(　　　　　　)

⓴ (15, 40)

(　　　　　　)

㉑ (25, 80)

(　　　　　　)

공부 끝!

맞힌 개수

/21개

부모님 확인

오늘의 숫자 **60**에 색칠하세요.

Day 27

**최대공약수는 공통인 수의 곱,
최소공배수는 공통인 수와
공통이 아닌 수의 곱이야.**

❶ (20, 30)

20 = 2 × 2 × 5

30 = 2 × 3 × 5

➔ 최대공약수:

2 × ☐ = ☐

➔ 최소공배수:

2 × 5 × ☐ × ☐ = ☐

❷ (4, 10)

4 = ____________

10 = ____________

➔ 최대공약수:

____

➔ 최소공배수:

____

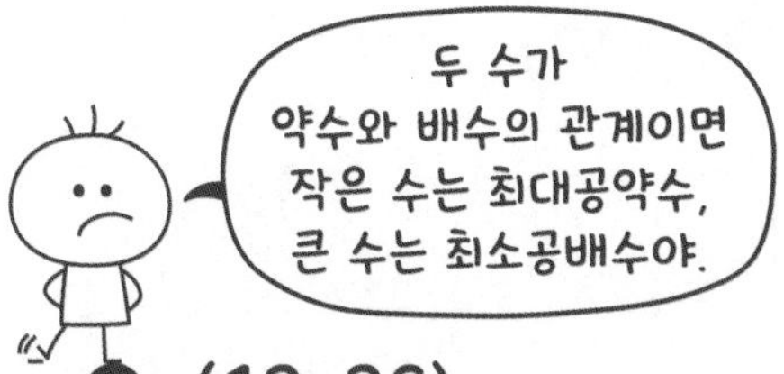

❸ (12, 36)

12 = ____________

36 = ____________

➔ 최대공약수:

____

➔ 최소공배수:

____

❹ (40, 32)

40 = ____________

32 = ____________

➔ 최대공약수:

____

➔ 최소공배수:

____

❺ (52, 78)

52 = ____________

78 = ____________

➔ 최대공약수:

____

➔ 최소공배수:

____

❻) 18 16

→ 최대공약수: ________

최소공배수: ________

❼) 9 15

→ 최대공약수: ________

최소공배수: ________

❽) 10 6

→ 최대공약수: ________

최소공배수: ________

❾) 20 12

→ 최대공약수: ________

최소공배수: ________

❿) 25 75

→ 최대공약수: ________

최소공배수: ________

⓫) 30 18

→ 최대공약수: ________

최소공배수: ________

⓬) 54 36

→ 최대공약수: ________

최소공배수: ________

⓭) 72 40

→ 최대공약수: ________

최소공배수: ________

공부 끝!

맞힌 개수 /13개

부모님 확인

오늘의 숫자 **49**에 색칠하세요.

연산 놀이터

표지판에 있는 두 수의 최소공배수가 있는 길을 따라 도착 지점까지 무사히 가 보자!

부모님 확인

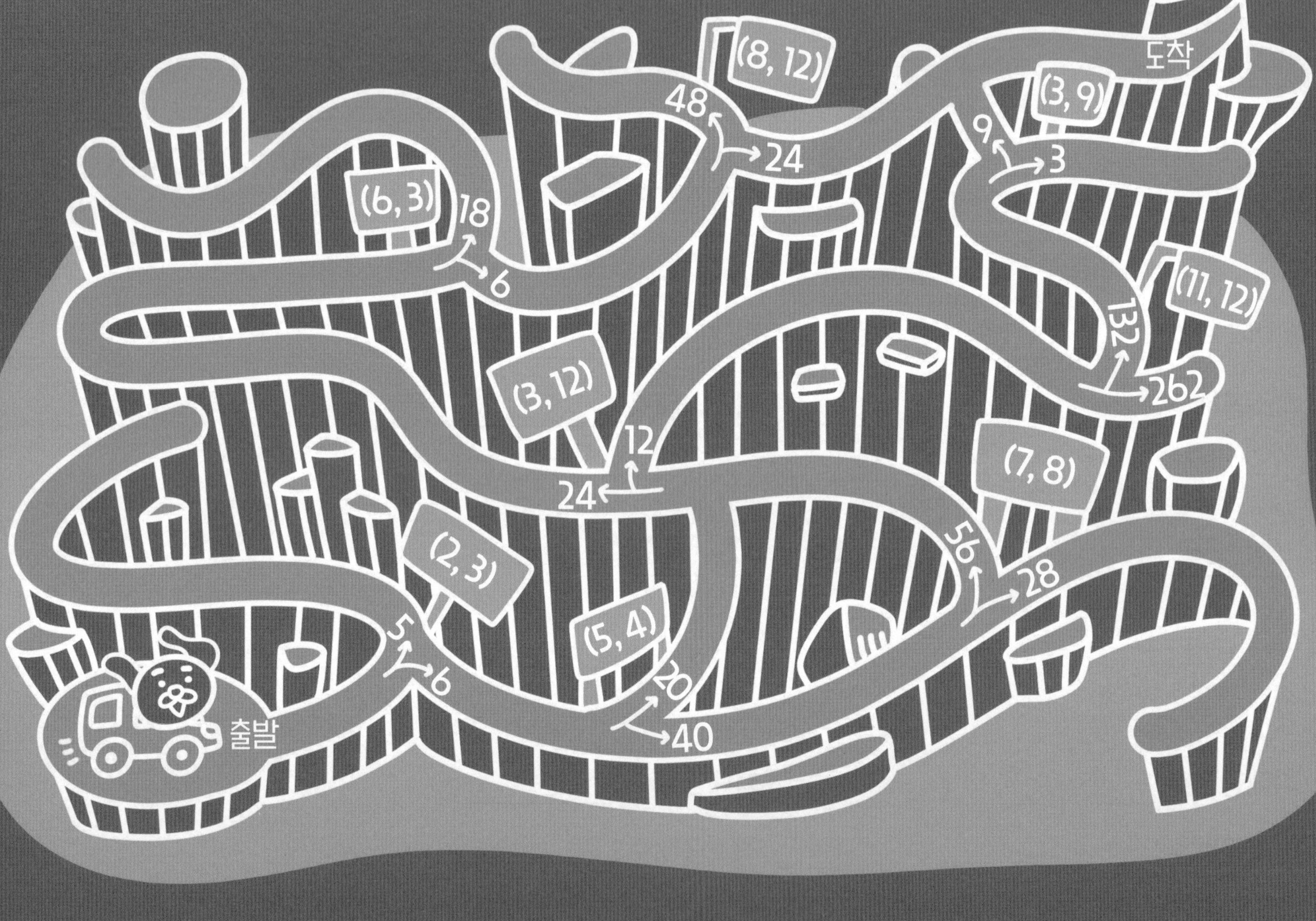

07

약분과 통분

이번에는 무엇을 배울까?

이렇게 지도해요!

❶ **먼저 설명해 주세요.**

약분과 통분을 말로 풀어내었습니다. 크기가 같은 분수를 알고 최대공약수와 최소공배수를 이용하여 약분과 통분하는 방법을 이해합니다.

❷ **수를 이해하며 계산해요.**

설명을 이용하여 Day28에서 재미있게 문제를 풉니다.

❸ **충분히 연습해요.**

Day29 ~ Day32의 문제 풀이를 통해 약분과 통분을 충분히 익히고 분모가 다른 분수의 덧셈과 뺄셈을 대비합니다.

스스로 계획을 세워요!

	공부할 날짜	목표 시간	복습할 날짜
Day 28 (48)	월 / 일	분 / 27개	월 / 일
Day 29 (48)	월 / 일	분 / 23개	월 / 일
Day 30 (48)	월 / 일	분 / 26개	월 / 일
Day 31 (48)	월 / 일	분 / 20개	월 / 일
Day 32 (48)	월 / 일	분 / 21개	월 / 일

선생님의 칠판

분모와 분자를 각각의 공약수로 나누어 간단히 하는 것을 '약분'이라고 해.

$$\frac{6}{18}=\frac{6\div2}{18\div2}=\frac{3}{9}\qquad\frac{6}{18}=\frac{6\div3}{18\div3}=\frac{2}{6}\qquad\frac{6}{18}=\frac{6\div6}{18\div6}=\frac{1}{3}$$

분모가 다른 분수의 분모를 같게 하는 것을 '통분'이라고 해.

두 분모의 곱으로 통분

$$\left(\frac{1}{4},\frac{3}{10}\right)\nearrow\left(\frac{1\times10}{4\times10},\frac{3\times4}{10\times4}\right)\rightarrow\left(\frac{10}{40},\frac{12}{40}\right)$$

$$\left(\frac{1}{4},\frac{3}{10}\right)\searrow\left(\frac{1\times5}{4\times5},\frac{3\times2}{10\times2}\right)\rightarrow\left(\frac{5}{20},\frac{6}{20}\right)$$

두 분모의 최소공배수로 통분

Day 28

분모와 분자에 각각 0이 아닌 같은 수를 곱해서 크기가 같은 분수로 나타내 봐.

분자와 분모에 각각 2를 곱해.

×3, ×2

$$\frac{4}{5}=\frac{8}{10}=\frac{12}{15}$$

×2, ×3

분자와 분모에 각각 3을 곱해.

❶ $\frac{1}{2}=\frac{\square}{8}$ (×4, ×4)

분모와 분자에 0을 곱하지 않도록 주의해.

❷ $\frac{2}{9}=\frac{\square}{45}$ (×5, ×5)

❸ $\frac{3}{4}=\frac{\square}{12}$ (×3, ×3)

❹ $\frac{3}{7}=\frac{\square}{49}$ (×7, ×7)

❺ $\frac{6}{11}=\frac{\square}{22}$ (×2, ×2)

❻ $\frac{5}{12}=\frac{\square}{72}$ (×6, ×6)

❼ $\frac{2}{3}=\frac{\square}{9}$

❽ $\frac{4}{9}=\frac{\square}{54}$

❾ $\frac{5}{8}=\frac{\square}{24}$

❿ $\frac{4}{5}=\frac{\square}{20}$

⓫ $\frac{4}{7}=\frac{16}{\square}$

⓬ $\frac{5}{6}=\frac{25}{\square}$

⓭ $\frac{1}{3}=\frac{8}{\square}$

⓮ $\frac{7}{17}=\frac{21}{\square}$

분모와 분자를 각각 0이 아닌 같은 수로 나누어 크기가 같은 분수로 나타내 봐.

분자와 분모를 각각 2로 나눠.

$$\frac{12}{16} = \frac{6}{8} = \frac{3}{4}$$

(÷2, ÷2: $\frac{12}{16} \to \frac{6}{8}$ / ÷4, ÷4: $\frac{12}{16} \to \frac{3}{4}$)

분자와 분모를 각각 4로 나눠.

⑮ $\frac{6}{8} = \frac{\square}{4}$ (÷2, ÷2)

분모와 분자를 0으로 나누지 않도록 주의해.

⑯ $\frac{6}{9} = \frac{\square}{3}$ (÷3, ÷3)

⑰ $\frac{8}{10} = \frac{\square}{5}$ (÷2, ÷2)

⑱ $\frac{16}{20} = \frac{\square}{5}$ (÷4, ÷4)

⑲ $\frac{12}{30} = \frac{\square}{10}$ (÷3, ÷3)

⑳ $\frac{28}{56} = \frac{\square}{2}$ (÷28, ÷28)

㉑ $\frac{4}{16} = \frac{\square}{4}$

㉒ $\frac{28}{63} = \frac{\square}{9}$

㉓ $\frac{10}{35} = \frac{\square}{7}$

㉔ $\frac{52}{80} = \frac{\square}{20}$

㉕ $\frac{42}{48} = \frac{7}{\square}$

㉖ $\frac{12}{39} = \frac{4}{\square}$

㉗ $\frac{6}{20} = \frac{3}{\square}$

공부 끝!

맞힌 개수 /27개

부모님 확인

오늘의 숫자 **31**에 색칠하세요.

Day 29

약분하려면 분모와 분자를 그들의 공약수로 나누어 봐.

$\frac{8}{12} = \frac{4}{6}$ 12와 8의 공약수 2로 나눠.

$\frac{8}{12} = \frac{2}{3}$ 12와 8의 공약수 4로 나눠.

❶ $\frac{16}{20} \rightarrow \frac{\square}{10}, \frac{\square}{5}$

주어진 분모가 되려면 어떤 수로 분모와 분자를 나누어야 할까?

❷ $\frac{12}{30} \rightarrow \frac{\square}{15}, \frac{\square}{10}, \frac{\square}{5}$

❸ $\frac{6}{8} \rightarrow \frac{\square}{4}$

❹ $\frac{8}{12} \rightarrow \frac{\square}{6}, \frac{\square}{3}$

❺ $\frac{4}{8} \rightarrow \frac{\square}{4}, \frac{\square}{2}$

❻ $\frac{36}{42} \rightarrow \frac{\square}{21}, \frac{\square}{14}, \frac{\square}{7}$

❼ $\frac{20}{30} \rightarrow \frac{\square}{15}, \frac{\square}{6}, \frac{\square}{3}$

❽ $\frac{5}{20} \rightarrow \frac{\square}{4}$

❾ $\frac{24}{72} \rightarrow \frac{\square}{36}, \frac{\square}{24}, \frac{\square}{18}, \frac{\square}{12}, \frac{\square}{9}, \frac{\square}{6}, \frac{\square}{3}$

약분한 분수를 모두 써 봐.

⑩ $\frac{28}{40}$ → (　　　　　　)

⑪ $\frac{12}{28}$ → (　　　　　　)

⑫ $\frac{8}{36}$ → (　　　　　　)

⑬ $\frac{44}{55}$ → (　　　　　　)

⑭ $\frac{2}{10}$ → (　　　　　　)

⑮ $\frac{24}{27}$ → (　　　　　　)

⑯ $\frac{15}{54}$ → (　　　　　　)

⑰ $\frac{45}{72}$ → (　　　　　　)

⑱ $\frac{14}{42}$ → (　　　　　　)

⑲ $\frac{20}{36}$ → (　　　　　　)

⑳ $\frac{10}{30}$ → (　　　　　　)

㉑ $\frac{15}{25}$ → (　　　　　　)

㉒ $\frac{16}{64}$ → (　　　　　　)

㉓ $\frac{12}{18}$ → (　　　　　　)

공부 끝!

맞힌 개수 /23개

부모님 확인

오늘의 숫자 70에 색칠하세요.

월 일 분 /10

Day 30

기약분수로 나타내려면 분모와 분자를 각각 두 수의 최대공약수로 나누면 돼.

20과 12의 최대공약수인 4로 약분해.

$\frac{\overset{3}{\cancel{12}}}{\underset{5}{\cancel{20}}} = \frac{3}{5}$

↑ 더 이상 나눌 수 없어.

❶ $\frac{\overset{1}{\cancel{4}}}{\underset{2}{\cancel{8}}}$ → (   )

분모와 분자에 /를 긋고, 공약수로 나눈 몫을 그 위 또는 아래에 작게 써 봐.

❷ $\frac{\overset{\square}{\cancel{16}}}{\underset{\square}{\cancel{20}}}$ → (   )

❸ $\frac{12}{16}$ → (   )

❹ $\frac{14}{21}$ → (   )

❺ $\frac{16}{36}$ → (   )

❻ $\frac{24}{27}$ → (   )

❼ $\frac{30}{45}$ → (   )

❽ $\frac{18}{45}$ → (   )

❾ $\frac{42}{70}$ → (   )

❿ $\frac{12}{28}$ → (   )

⓫ $\frac{32}{48}$ → (   )

⓬ $\frac{18}{24}$ → (   )

⑬ $\frac{30}{42}$ → (　　　　)

⑭ $\frac{42}{72}$ → (　　　　)

⑮ $\frac{3}{6}$ → (　　　　)

분모와 분자의 공약수가 1뿐인 분수가 기약분수야.

⑯ $\frac{3}{15}$ → (　　　　)

⑰ $\frac{4}{20}$ → (　　　　)

⑱ $\frac{21}{33}$ → (　　　　)

⑲ $\frac{48}{64}$ → (　　　　)

⑳ $\frac{9}{12}$ → (　　　　)

㉑ $\frac{30}{40}$ → (　　　　)

㉒ $\frac{8}{18}$ → (　　　　)

㉓ $\frac{35}{55}$ → (　　　　)

㉔ $\frac{36}{42}$ → (　　　　)

㉕ $\frac{15}{45}$ → (　　　　)

㉖ $\frac{18}{30}$ → (　　　　)

공부 끝!

맞힌 개수 /26개

부모님 확인

오늘의 숫자 **37**에 색칠하세요.

Day 31

두 분모의 곱을 공통분모로 하여 분수의 분모를 같게 만들어 봐.

$\left(\frac{5}{6}, \frac{3}{8}\right)$ 두 분모의 곱 48을 공통분모로 통분해.

$\rightarrow \left(\frac{5\times 8}{6\times 8}, \frac{3\times 6}{8\times 6}\right)$ 분모와 분자에 각각 같은 수를 곱해.

$\rightarrow \left(\frac{40}{48}, \frac{18}{48}\right)$

❶ $\left(\frac{1}{4}, \frac{1}{6}\right) \rightarrow \left(\frac{1\times 6}{4\times 6}, \frac{1\times 4}{6\times 4}\right) \rightarrow \left(\frac{\square}{24}, \frac{\square}{24}\right)$

두 분모의 곱을 공통분모로 통분해.

❷ $\left(\frac{1}{2}, \frac{2}{3}\right) \rightarrow \left(\frac{1\times 3}{2\times 3}, \frac{2\times 2}{3\times 2}\right) \rightarrow \left(\frac{\square}{6}, \frac{\square}{6}\right)$

❸ $\left(\frac{7}{8}, \frac{5}{9}\right) \rightarrow \left(\frac{7\times 9}{8\times 9}, \frac{5\times 8}{9\times 8}\right) \rightarrow \left(\frac{\square}{72}, \frac{\square}{72}\right)$

❹ $\left(\frac{3}{5}, \frac{8}{15}\right) \rightarrow \left(\frac{3\times 15}{5\times 15}, \frac{8\times 5}{15\times 5}\right) \rightarrow \left(\frac{\square}{75}, \frac{\square}{75}\right)$

❺ $\left(\frac{7}{8}, \frac{7}{10}\right) \rightarrow \left(\frac{7\times 10}{8\times 10}, \frac{7\times 8}{10\times 8}\right) \rightarrow \left(\frac{\square}{\square}, \frac{\square}{\square}\right)$

❻ $\left(\frac{2}{13}, \frac{1}{5}\right) \rightarrow \left(\frac{2\times 5}{13\times 5}, \frac{1\times 13}{5\times 13}\right) \rightarrow \left(\frac{\square}{\square}, \frac{\square}{\square}\right)$

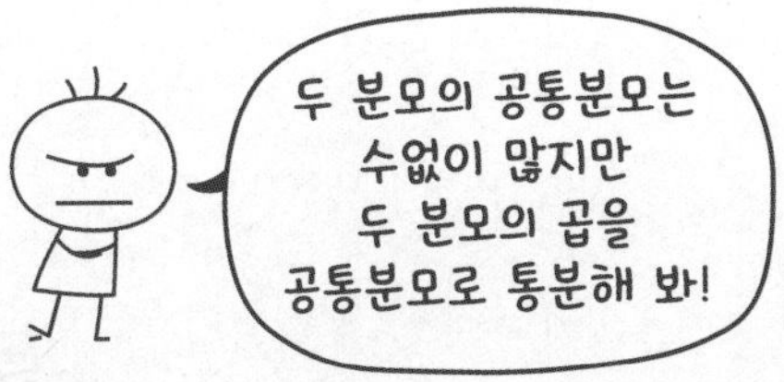

❼ $\left(\frac{1}{3}, \frac{1}{7}\right) \rightarrow (\quad , \quad)$

두 분모의 곱

❽ $\left(\frac{2}{3}, \frac{1}{5}\right) \rightarrow (\quad , \quad)$

❾ $\left(\frac{1}{6}, \frac{5}{8}\right) \rightarrow (\quad , \quad)$

❿ $\left(\frac{3}{10}, \frac{2}{7}\right) \rightarrow (\quad , \quad)$

⓫ $\left(\frac{3}{4}, \frac{5}{8}\right) \rightarrow (\quad , \quad)$

⓬ $\left(\frac{2}{5}, \frac{4}{9}\right) \rightarrow (\quad , \quad)$

⓭ $\left(\frac{5}{7}, \frac{9}{11}\right) \rightarrow (\quad , \quad)$

⓮ $\left(\frac{3}{7}, \frac{8}{21}\right) \rightarrow (\quad , \quad)$

⓯ $\left(\frac{3}{5}, \frac{3}{10}\right) \rightarrow (\quad , \quad)$

⓰ $\left(\frac{2}{7}, \frac{4}{9}\right) \rightarrow (\quad , \quad)$

⓱ $\left(\frac{1}{6}, \frac{9}{14}\right) \rightarrow (\quad , \quad)$

⓲ $\left(\frac{3}{4}, \frac{7}{9}\right) \rightarrow (\quad , \quad)$

자연수 부분은 그대로 두고
분수 부분만 통분해 봐.

⓳ $\left(2\frac{1}{2}, 3\frac{1}{3}\right) \rightarrow (\quad , \quad)$

⓴ $\left(2\frac{5}{8}, 1\frac{3}{7}\right) \rightarrow (\quad , \quad)$

공부 끝!

맞힌 개수

/20개

부모님 확인

오늘의 숫자 80에 색칠하세요.

Day 32

간단한 분수로 통분하려면 최소공배수를 이용해.

$\left(\frac{5}{6}, \frac{3}{8}\right)$ 두 분모의 최소공배수 24를 공통분모로 통분해.

→ $\left(\frac{5\times4}{6\times4}, \frac{3\times3}{8\times3}\right)$ 분모와 분자에 각각 같은 수를 곱해.

→ $\left(\frac{20}{24}, \frac{9}{24}\right)$

❶ $\left(\frac{3}{10}, \frac{1}{6}\right)$ → $\left(\frac{3\times3}{10\times3}, \frac{1\times5}{6\times5}\right)$ → $\left(\frac{\square}{30}, \frac{\square}{30}\right)$

두 수의 최소공배수를 공통분모로 통분해.

❷ $\left(\frac{7}{12}, \frac{5}{9}\right)$ → $\left(\frac{7\times3}{12\times3}, \frac{5\times4}{9\times4}\right)$ → $\left(\frac{\square}{36}, \frac{\square}{36}\right)$

❸ $\left(\frac{5}{8}, \frac{7}{12}\right)$ → $\left(\frac{5\times3}{8\times3}, \frac{7\times2}{12\times2}\right)$ → $\left(\frac{\square}{24}, \frac{\square}{24}\right)$

❹ $\left(\frac{1}{10}, \frac{11}{15}\right)$ → $\left(\frac{1\times3}{10\times3}, \frac{11\times2}{15\times2}\right)$ → $\left(\frac{\square}{30}, \frac{\square}{30}\right)$

❺ $\left(\frac{11}{14}, \frac{5}{7}\right)$ → $\left(\frac{11}{14}, \frac{5\times2}{7\times2}\right)$ → $\left(\frac{\square}{\square}, \frac{\square}{\square}\right)$

❻ $\left(\frac{2}{3}, \frac{8}{15}\right)$ → $\left(\frac{2\times5}{3\times5}, \frac{8}{15}\right)$ → $\left(\frac{\square}{\square}, \frac{\square}{\square}\right)$

❼ $\left(\frac{7}{20}, \frac{5}{12}\right)$ → $\left(\frac{7\times3}{20\times3}, \frac{5\times5}{12\times5}\right)$ → $\left(\frac{\square}{\square}, \frac{\square}{\square}\right)$

❽ $\left(\frac{3}{8}, \frac{7}{12}\right) \rightarrow ($, $)$

8과 12의
최소공배수는 24

❾ $\left(\frac{5}{28}, \frac{7}{8}\right) \rightarrow ($, $)$

❿ $\left(\frac{1}{6}, \frac{9}{20}\right) \rightarrow ($, $)$

⓫ $\left(\frac{1}{2}, \frac{2}{3}\right) \rightarrow ($, $)$

⓬ $\left(\frac{2}{3}, \frac{5}{12}\right) \rightarrow ($, $)$

⓭ $\left(\frac{4}{15}, \frac{6}{25}\right) \rightarrow ($, $)$

⓮ $\left(\frac{4}{5}, \frac{7}{8}\right) \rightarrow ($, $)$

⓯ $\left(\frac{5}{6}, \frac{3}{4}\right) \rightarrow ($, $)$

⓰ $\left(\frac{4}{5}, \frac{9}{10}\right) \rightarrow ($, $)$

⓱ $\left(\frac{2}{7}, \frac{4}{9}\right) \rightarrow ($, $)$

⓲ $\left(\frac{1}{12}, \frac{4}{15}\right) \rightarrow ($, $)$

⓳ $\left(\frac{5}{12}, \frac{7}{18}\right) \rightarrow ($, $)$

⓴ $\left(2\frac{1}{4}, 1\frac{5}{8}\right) \rightarrow ($, $)$

㉑ $\left(2\frac{3}{14}, 1\frac{11}{21}\right) \rightarrow ($, $)$

공부 끝!

맞힌 개수

/21개

부모님 확인

오늘의 숫자 4에 색칠하세요.

연산 놀이터

부모님 확인

밝기가 $\frac{1}{2}$ 인 별들과 $\frac{1}{3}$ 인 별들을 각각 이어 별자리 2개를 완성해 보자.

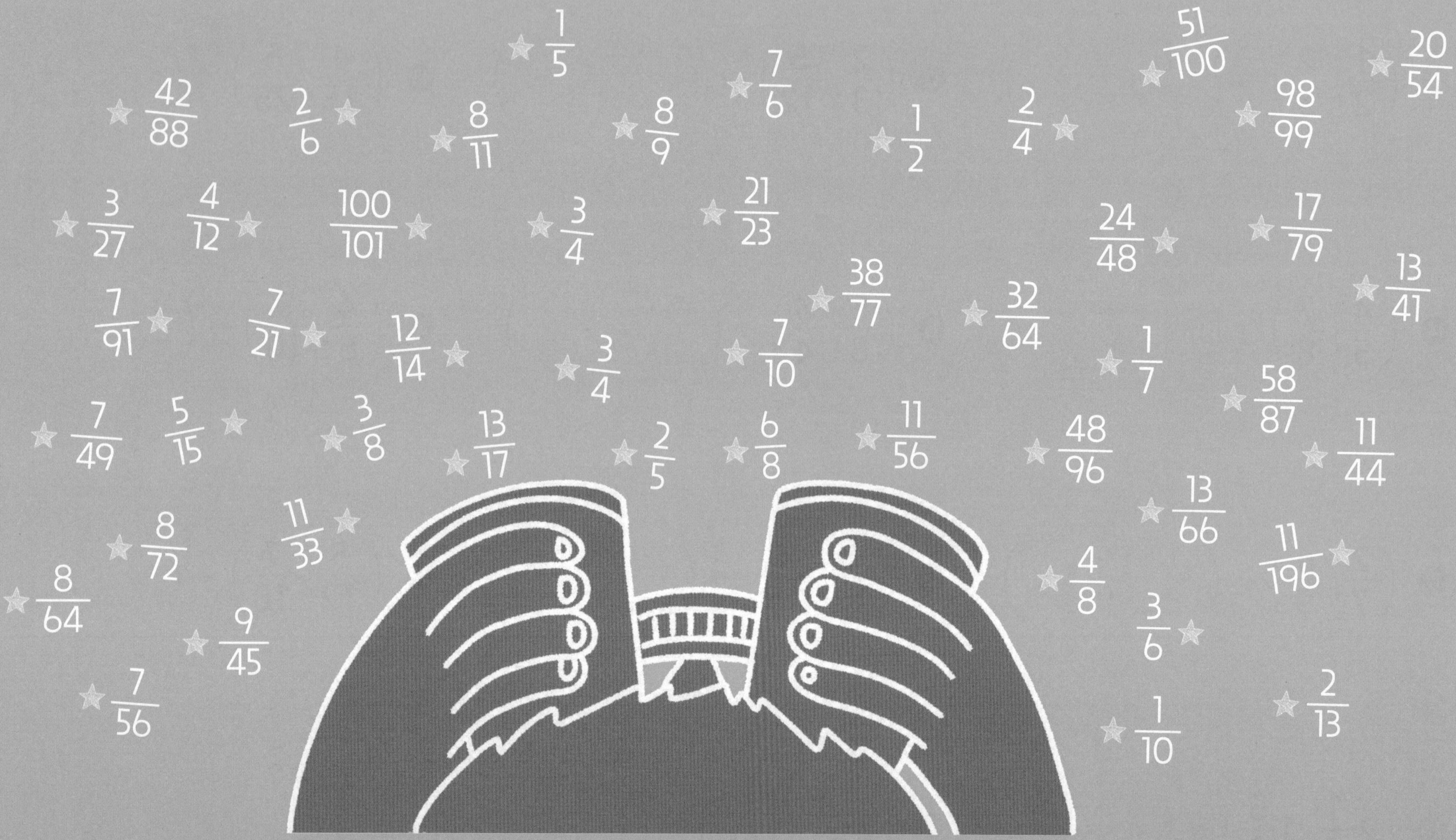

08

분모가 다른 진분수의 덧셈

이번에는 무엇을 배울까?

이렇게 지도해요!

❶ 먼저 설명해 주세요.

분모가 다른 진분수의 덧셈을 그림과 말로 풀어내었습니다. 아이와 함께 따라 읽어 보면서 통분의 필요성을 이해하고, 통분하는 두 가지 방법을 통해 분모가 다른 진분수의 덧셈을 익힙니다.

❷ 수를 이해하며 계산해요.

설명과 이어지는 그림을 이용하여 Day33에서 재미있게 문제를 풉니다.

❸ 충분히 연습해요.

Day34 ~ Day36의 문제 풀이를 통해 분모가 다른 진분수의 덧셈을 충분히 연습하고 분모가 다른 대분수의 덧셈 계산을 대비합니다.

스스로 계획을 세워요!

	공부할 날짜	목표 시간	복습할 날짜
Day 33 / 48	월 / 일	분 / 7개	월 / 일
Day 34 / 48	월 / 일	분 / 15개	월 / 일
Day 35 / 48	월 / 일	분 / 30개	월 / 일
Day 36 / 48	월 / 일	분 / 30개	월 / 일

선생님의 칠판

두 분모의 곱을 공통분모로 통분해.

$$\frac{3}{4}+\frac{5}{6}=\frac{3\times 6}{4\times 6}+\frac{5\times 4}{6\times 4}=\frac{18}{24}+\frac{20}{24}=\frac{38}{24}=\frac{19}{12}=1\frac{7}{12}$$

두 분모의 최소공배수를 공통분모로 통분해.

$$\frac{3}{4}+\frac{5}{6}=\frac{3\times 3}{4\times 3}+\frac{5\times 2}{6\times 2}=\frac{9}{12}+\frac{10}{12}=\frac{19}{12}=1\frac{7}{12}$$

4와 6의 최소공배수 : 12

Day 33

전체를 똑같이 나눈 분수를 보고, 덧셈을 해 보자.

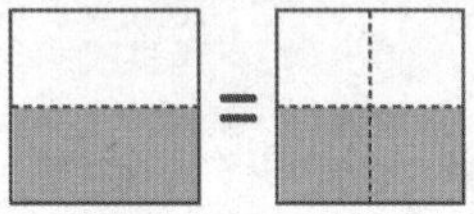

$\frac{1}{2} = \frac{2}{4}$

색칠한 부분의
크기가 같으니까
분수의 크기가 같아.

❶ $\frac{2}{5}$ → $\frac{\square}{10}$, $\frac{1}{2}$ → $\frac{\square}{10}$

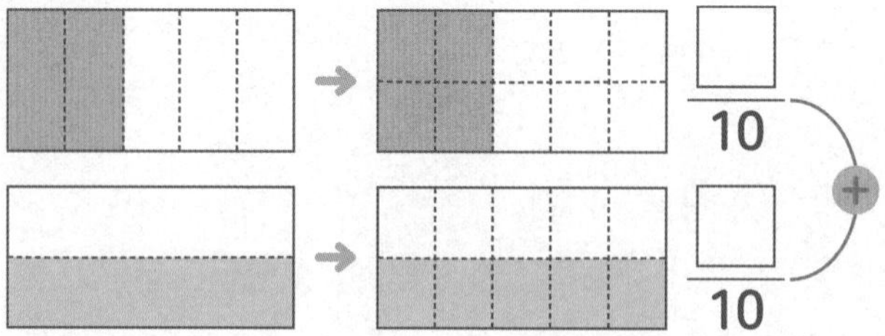

$$\frac{2}{5}+\frac{1}{2}=\frac{\square}{10}+\frac{\square}{10}=\frac{\square}{10}$$

❷ $\frac{1}{3}$ → $\frac{\square}{12}$, $\frac{1}{4}$ → $\frac{\square}{12}$

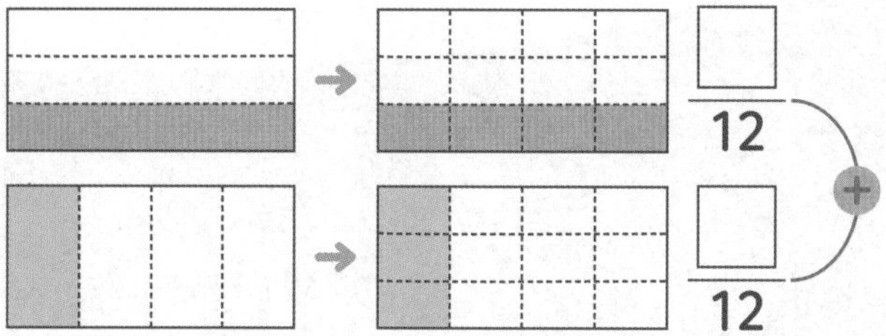

$$\frac{1}{3}+\frac{1}{4}=\frac{\square}{12}+\frac{\square}{12}=\frac{\square}{12}$$

❸ $\frac{1}{2}$ → $\frac{\square}{8}$, $\frac{3}{8}$ → $\frac{\square}{8}$

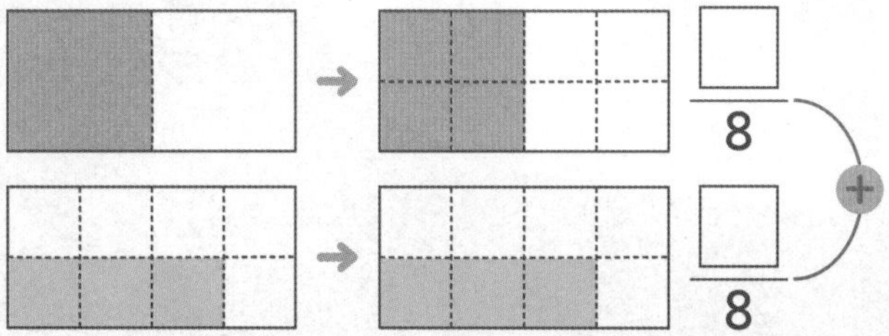

$$\frac{1}{2}+\frac{3}{8}=\frac{\square}{8}+\frac{\square}{8}=\frac{\square}{8}$$

❹ $\frac{1}{2}$ → $\frac{\square}{6}$, $\frac{1}{3}$ → $\frac{\square}{6}$

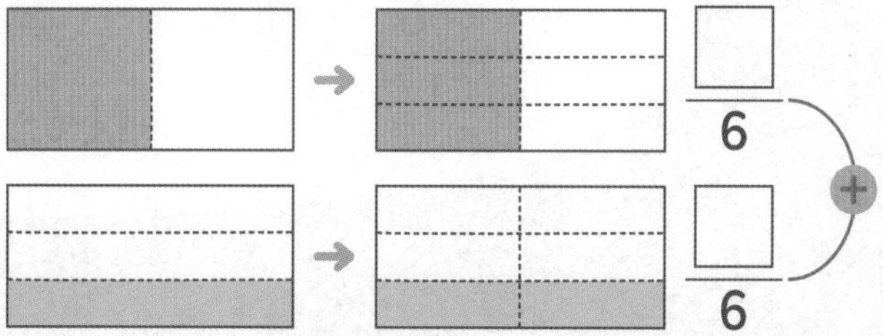

$$\frac{1}{2}+\frac{1}{3}=\frac{\square}{6}+\frac{\square}{6}=\frac{\square}{6}$$

❺ $\frac{1}{2}$ $\frac{3}{4}$

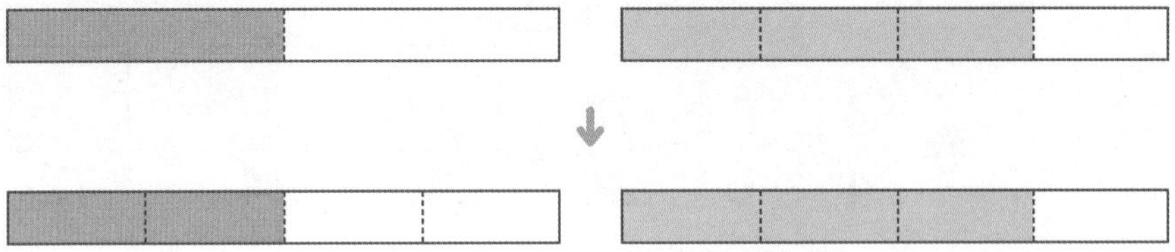

↓

$\frac{\square}{4}$ $\frac{\square}{4}$

전체를 똑같이 4칸으로 나눈 것 중 색칠한 칸의 개수를 세어 봐.

$$\frac{1}{2}+\frac{3}{4}=\frac{\square}{4}+\frac{\square}{4}=\frac{\square}{4}=\square\frac{\square}{4}$$

❻ $\frac{3}{5}$ $\frac{1}{2}$

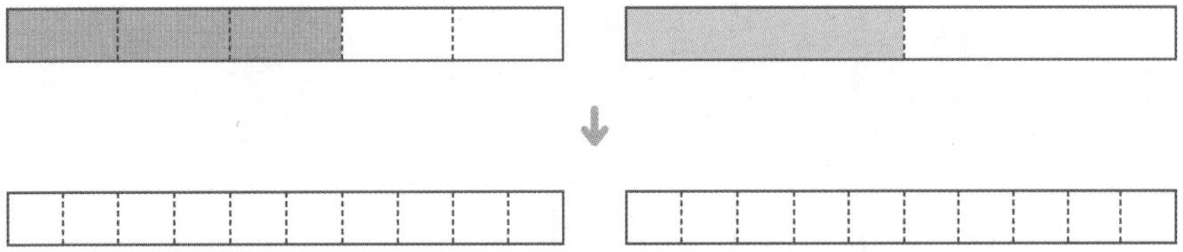

↓

$\frac{\square}{10}$ $\frac{\square}{10}$

분수를 똑같이 나눈 수만큼 색칠해 봐.

$$\frac{3}{5}+\frac{1}{2}=\frac{\square}{10}+\frac{\square}{10}=\frac{\square}{10}=\square\frac{\square}{10}$$

❼ $\frac{3}{4}$ $\frac{5}{8}$

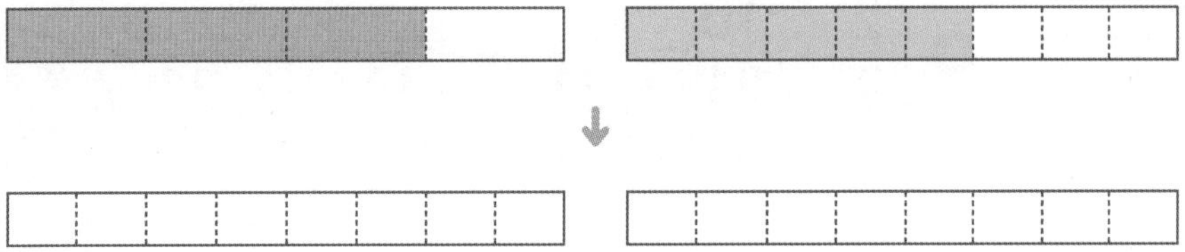

↓

$\frac{\square}{8}$ $\frac{\square}{8}$

$$\frac{3}{4}+\frac{5}{8}=\frac{\square}{8}+\frac{\square}{8}=\frac{\square}{8}=\square\frac{\square}{8}$$

공부 끝!

맞힌 개수 /7개

부모님 확인

오늘의 숫자 **40**에 색칠하세요.

Day 34

두 분수의 분모를 같게 만들어 분자끼리만 더해.

❶ 통분하여 분모를 같게 해.

$\frac{1}{5}+\frac{2}{3}=\frac{3}{15}+\frac{10}{15}$

$=\frac{13}{15}$ ❷ 분자끼리 더해.

❶ $\frac{3}{4}+\frac{1}{6}=\frac{18}{24}+\frac{\square}{24}=\frac{\overset{\square}{\square}}{\underset{12}{\cancel{24}}}=\frac{\square}{12}$

두 분모의 곱으로 통분했어.

$\frac{3}{4}+\frac{1}{6}=\frac{\square}{12}+\frac{\square}{12}=\frac{\square}{12}$

두 분모의 최소공배수로 통분했어.

❷ $\frac{1}{9}+\frac{2}{3}=\frac{3}{27}+\frac{\square}{27}=\frac{\overset{\square}{\square}}{\underset{9}{\cancel{27}}}=\frac{\square}{9}$

$\frac{1}{9}+\frac{2}{3}=\frac{\square}{9}+\frac{\square}{9}=\frac{\square}{9}$

❸ $\frac{3}{7}+\frac{3}{8}=\frac{\square}{56}+\frac{\square}{56}=\frac{\square}{56}$

❹ $\frac{2}{7}+\frac{10}{21}=\frac{\square}{21}+\frac{\square}{21}=\frac{\square}{21}$

두 분모의 최소공배수로 통분하여 계산했더라도 약분하여 기약분수로 나타내.

❺ $\frac{5}{6}+\frac{2}{15}=\frac{\square}{30}+\frac{\square}{30}=\frac{\square}{30}$

❻ $\frac{3}{14}+\frac{3}{10}=\frac{\square}{70}+\frac{\square}{70}=\frac{\square}{70}=\frac{\square}{35}$

❼ $\frac{4}{5}+\frac{8}{9}=\frac{36}{45}+\frac{\square}{45}=\frac{\square}{45}=\square\frac{\square}{45}$

분모를 같게 만들어 더하고,
결과가 가분수이면 대분수로 나타내.

❽ $\frac{5}{6}+\frac{2}{5}=\frac{25}{30}+\frac{\square}{30}=\frac{\square}{30}=\square\frac{\square}{30}$

❾ $\frac{3}{8}+\frac{2}{3}=\frac{9}{24}+\frac{\square}{24}=\frac{\square}{24}=\square\frac{\square}{24}$

❿ $\frac{3}{4}+\frac{5}{6}=\frac{9}{12}+\frac{\square}{12}=\frac{\square}{12}=\square\frac{\square}{12}$

⓫ $\frac{3}{5}+\frac{19}{20}=\frac{12}{20}+\frac{\square}{20}=\frac{\square}{20}=\square\frac{\square}{20}$

⓬ $\frac{6}{7}+\frac{3}{5}=\frac{30}{35}+\frac{\square}{35}=\frac{\square}{35}=\square\frac{\square}{35}$

⓭ $\frac{5}{6}+\frac{8}{9}=\frac{15}{18}+\frac{\square}{18}=\frac{\square}{18}=\square\frac{\square}{18}$

⓮ $\frac{3}{8}+\frac{11}{12}=\frac{9}{24}+\frac{\square}{24}=\frac{\square}{24}=\square\frac{\square}{24}$

⓯ $\frac{6}{13}+\frac{2}{3}=\frac{18}{39}+\frac{\square}{39}=\frac{\square}{39}=\square\frac{\square}{39}$

공부 끝!

맞힌 개수 /15개

부모님 확인

오늘의 숫자 **61**에 색칠하세요.

월 일 /12 분

Day 35

두 분모의 최소공배수로 통분하면 분자끼리의 덧셈이 쉬워.

❶ $\frac{1}{2}+\frac{1}{6}$

❷ $\frac{3}{4}+\frac{1}{6}$

❸ $\frac{1}{3}+\frac{4}{9}$

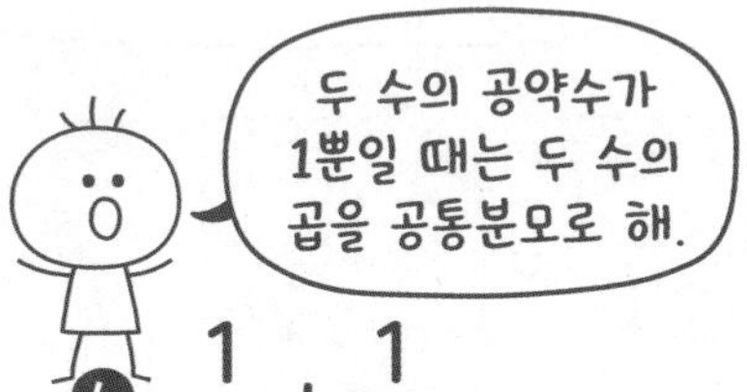

❹ $\frac{2}{7}+\frac{3}{14}$

❺ $\frac{5}{8}+\frac{1}{10}$

❻ $\frac{1}{4}+\frac{1}{3}$

❼ $\frac{1}{8}+\frac{1}{6}$

❽ $\frac{1}{4}+\frac{3}{10}$

❾ $\frac{1}{9}+\frac{5}{6}$

❿ $\frac{3}{8}+\frac{5}{16}$

⓫ $\frac{1}{6}+\frac{4}{9}$

⓬ $\frac{1}{3}+\frac{5}{12}$

⓭ $\frac{1}{6}+\frac{3}{10}$

⓮ $\frac{2}{3}+\frac{4}{15}$

⓯ $\frac{3}{8}+\frac{5}{12}$

⑯ $\frac{3}{4}+\frac{1}{2}$

계산 결과가 가분수이면
대분수로 나타내.

⑰ $\frac{2}{3}+\frac{5}{8}$

⑱ $\frac{3}{5}+\frac{4}{7}$

⑲ $\frac{2}{3}+\frac{3}{4}$

⑳ $\frac{3}{10}+\frac{7}{8}$

㉑ $\frac{1}{2}+\frac{7}{12}$

㉒ $\frac{3}{4}+\frac{5}{6}$

㉓ $\frac{5}{6}+\frac{3}{8}$

㉔ $\frac{7}{9}+\frac{3}{4}$

㉕ $\frac{5}{9}+\frac{6}{7}$

㉖ $\frac{4}{5}+\frac{1}{3}$

㉗ $\frac{3}{4}+\frac{3}{5}$

분모끼리 더하지
않도록 주의해!

㉘ $\frac{1}{2}+\frac{7}{10}$

㉙ $\frac{2}{3}+\frac{1}{2}$

㉚ $\frac{5}{6}+\frac{5}{9}$

공부 끝!

맞힌 개수

/30개

부모님 확인

오늘의 숫자 **77**에 색칠하세요.

월 일 /12 분

Day 36

분모를 같게 만든 다음 분자끼리만 더하면 돼.

❶ $\frac{1}{4}+\frac{2}{5}$

❷ $\frac{5}{6}+\frac{3}{4}$

❸ $\frac{7}{12}+\frac{5}{8}$

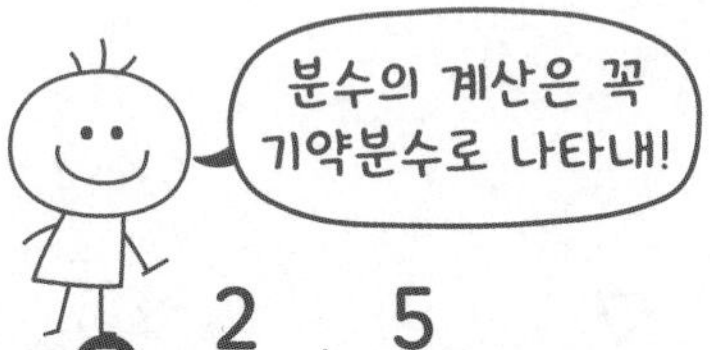

❹ $\frac{8}{9}+\frac{1}{3}$

❺ $\frac{7}{15}+\frac{2}{9}$

❻ $\frac{5}{7}+\frac{7}{8}$

❼ $\frac{2}{3}+\frac{5}{6}$

❽ $\frac{2}{9}+\frac{3}{7}$

❾ $\frac{2}{3}+\frac{5}{8}$

❿ $\frac{7}{8}+\frac{9}{11}$

⓫ $\frac{4}{9}+\frac{5}{6}$

⓬ $\frac{3}{8}+\frac{1}{2}$

⓭ $\frac{2}{3}+\frac{7}{20}$

⓮ $\frac{3}{5}+\frac{3}{10}$

⓯ $\frac{7}{8}+\frac{5}{12}$

⑯ $\frac{13}{27}+\frac{11}{18}$

⑰ $\frac{17}{55}+\frac{4}{5}$

⑱ $\frac{2}{9}+\frac{1}{6}$

⑲ $\frac{1}{3}+\frac{7}{15}$

⑳ $\frac{5}{12}+\frac{3}{7}$

㉑ $\frac{5}{6}+\frac{1}{4}$

㉒ $\frac{1}{5}+\frac{5}{6}$

㉓ $\frac{2}{3}+\frac{1}{8}$

㉔ $\frac{2}{9}+\frac{5}{12}$

㉕ $\frac{4}{5}+\frac{7}{9}$

㉖ $\frac{7}{8}+\frac{3}{4}$

㉗ $\frac{3}{20}+\frac{5}{6}$

㉘ $\frac{5}{8}+\frac{7}{10}$

㉙ $\frac{3}{8}+\frac{2}{7}$

㉚ $\frac{9}{10}+\frac{2}{5}$

공부 끝!

맞힌 개수

/30개

부모님 확인

오늘의 숫자 **90**에 색칠하세요.

연산 놀이터

희겸이와 수아 중 누가 더 점수를 많이 냈을까요?

부모님 확인

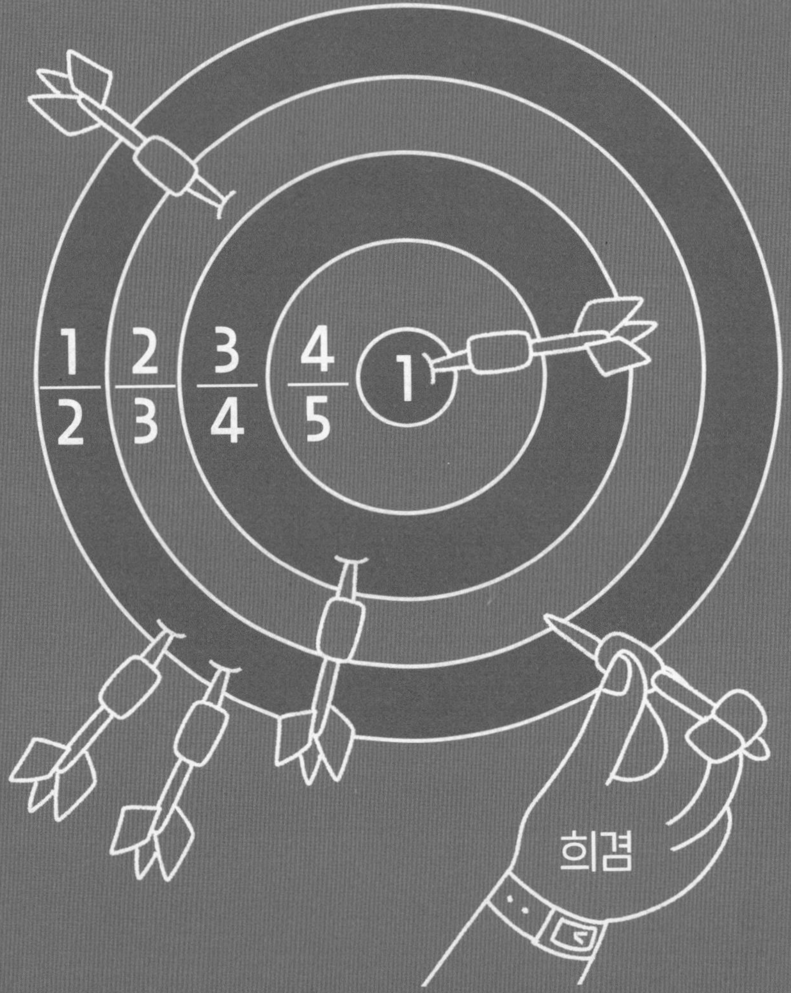

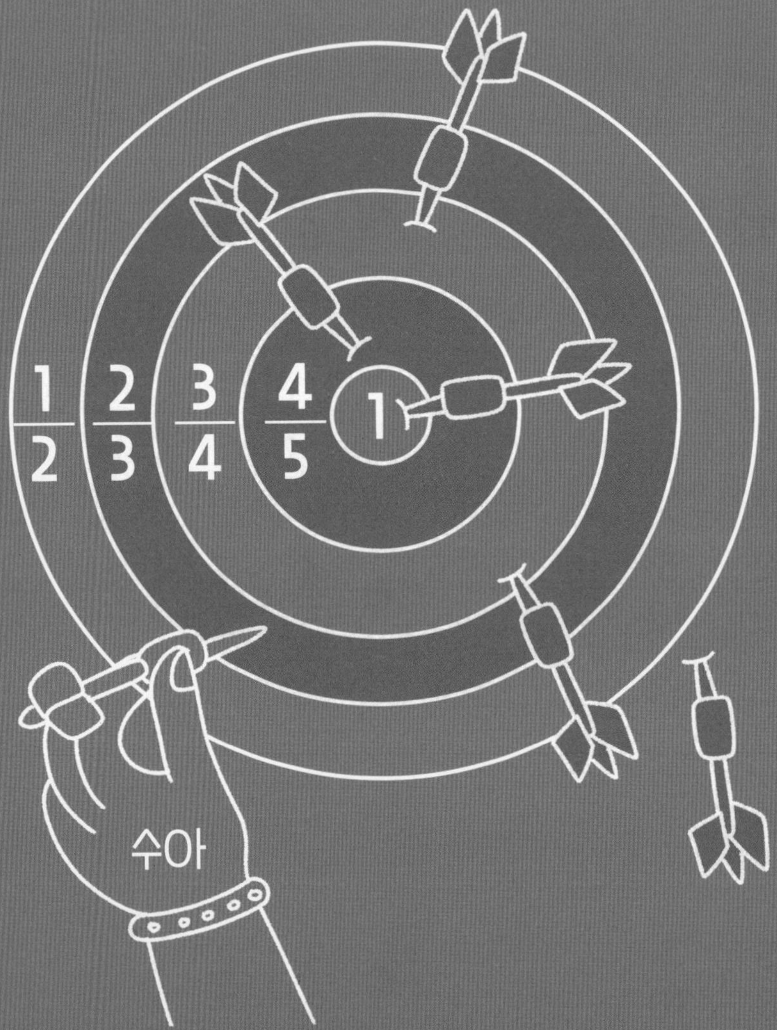

09

분모가 다른 대분수의 덧셈

이번에는 무엇을 배울까?

이렇게 지도해요!

❶ 먼저 설명해 주세요.

분모가 다른 대분수의 덧셈을 말로 풀어내었습니다. 분모가 다른 대분수의 덧셈은 통분하여 자연수끼리, 진분수끼리 더하거나 대분수를 가분수로 바꾸어 계산하는 두 가지 방법을 이해합니다.

❷ 수를 이해하며 계산해요.

설명을 이용하여 Day37에서 재미있게 문제를 풉니다.

❸ 충분히 연습해요.

Day38 ~ Day40의 문제 풀이를 통해 분모가 다른 대분수의 덧셈을 충분히 연습하고 분모가 다른 진분수의 뺄셈을 대비합니다.

스스로 계획을 세워요!

	공부할 날짜	목표 시간	복습할 날짜
Day 37/48	월/일	분/10개	월/일
Day 38/48	월/일	분/10개	월/일
Day 39/48	월/일	분/30개	월/일
Day 40/48	월/일	분/30개	월/일

선생님의 칠판

자연수는 자연수끼리, 진분수는 진분수끼리 더해.

$$1\frac{1}{2}+1\frac{3}{5}=1\frac{1\times5}{2\times5}+1\frac{3\times2}{5\times2}=1\frac{5}{10}+1\frac{6}{10}$$

$$=(1+1)+\left(\frac{5}{10}+\frac{6}{10}\right)=2+\frac{11}{10}$$

$$=2+1\frac{1}{10}=3\frac{1}{10}$$

대분수를 가분수로 바꾸어서 더해.

$$1\frac{1}{2}+1\frac{3}{5}=\frac{3}{2}+\frac{8}{5}=\frac{3\times5}{2\times5}+\frac{8\times2}{5\times2}=\frac{15}{10}+\frac{16}{10}=\frac{31}{10}=3\frac{1}{10}$$

월 일 /10 분

Day 37

자연수끼리 더하고, 진분수끼리 더한 다음 두 결과를 더해 보자.

$1\frac{2}{3} + 2\frac{1}{2}$

$= 1\frac{4}{6} + 2\frac{3}{6}$ ❶ 통분하여 분모를 같게 해.

$= (1 + 2) + \left(\frac{4}{6} + \frac{3}{6}\right)$

$= 3 + \frac{7}{6} = 3 + 1\frac{1}{6}$ ❷ 자연수끼리, 분수끼리 더해.

$= 4\frac{1}{6}$ ❸ 대분수로 고쳐.

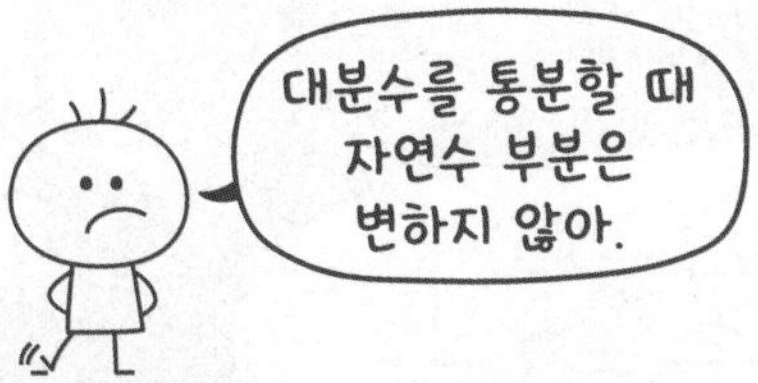

❶ $1\frac{2}{3} + 3\frac{1}{4} = 1\frac{8}{12} + 3\frac{\square}{12} = (1 + 3) + \left(\frac{8}{12} + \frac{\square}{12}\right)$

$= \square + \frac{\square}{12} =$ ________

❷ $4\frac{3}{8} + 3\frac{5}{12} =$ ________

❸ $1\frac{1}{4} + 1\frac{1}{20} =$ ________

❹ $3\frac{5}{6} + 1\frac{1}{7} =$ ________

❺ $2\frac{1}{6} + 1\frac{1}{2} =$ ________

❻ $1\frac{3}{4}+1\frac{2}{5}=1\frac{15}{20}+1\frac{\square}{20}=(1+1)+\left(\frac{15}{20}+\frac{\square}{20}\right)=\square+\frac{\square}{20}=\square+\square\frac{\square}{20}=$ ______

❼ $1\frac{5}{9}+2\frac{2}{3}=$ ______

❽ $1\frac{3}{8}+2\frac{3}{4}=$ ______

❾ $3\frac{13}{16}+1\frac{5}{12}=$ ______

❿ $4\frac{4}{7}+2\frac{1}{2}=$ ______

공부 끝!

맞힌 개수

/10개

부모님 확인

오늘의 숫자 5에 색칠하세요.

Day 38

대분수를 가분수로 고쳐서 더할 수도 있어. 단, 결과는 반드시 대분수로 써야 해.

먼저 가분수로 고쳐!

❶ $1\frac{1}{7} + 1\frac{4}{5} = \frac{8}{7} + \frac{\square}{5} = \frac{40}{35} + \frac{\square}{35} = \frac{\square}{35} =$ ________

❷ $1\frac{2}{3} + 2\frac{5}{13} =$ ________

❸ $3\frac{4}{9} + 2\frac{1}{3} =$ ________

❹ $3\frac{3}{7} + 2\frac{3}{4} =$ ________

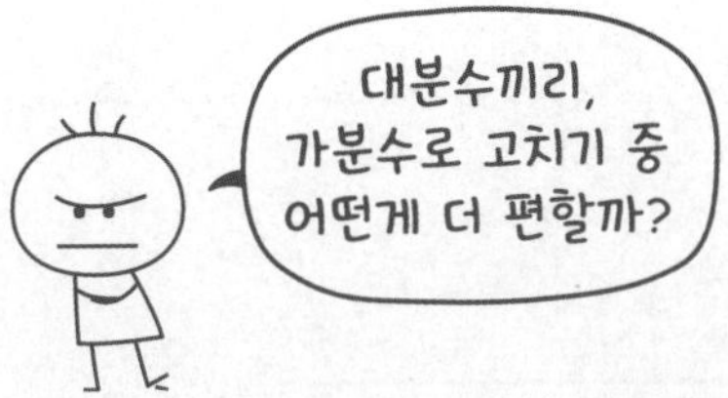

❺ $2\frac{1}{2} + 2\frac{4}{5} =$ ________

❻ $1\frac{5}{6}+4\frac{1}{4}=$ ______________________

❼ $1\frac{1}{2}+3\frac{2}{3}=$ ______________________

❽ $1\frac{3}{5}+2\frac{3}{4}=$ ______________________

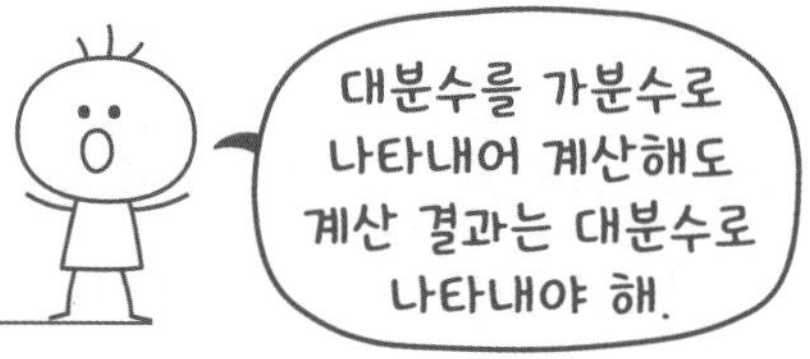

❾ $2\frac{1}{6}+1\frac{3}{7}=$ ______________________

❿ $6\frac{2}{9}+1\frac{1}{6}=$ ______________________

공부 끝!

맞힌 개수 /10개

부모님 확인

오늘의 숫자 64에 색칠하세요.

Day 39

분모를 통분하여 더한 다음 계산 결과는 기약분수로 나타내야 해.

❶ $3\frac{3}{5}+1\frac{3}{10}$

❷ $2\frac{5}{12}+1\frac{4}{9}$

❸ $1\frac{3}{7}+2\frac{5}{14}$

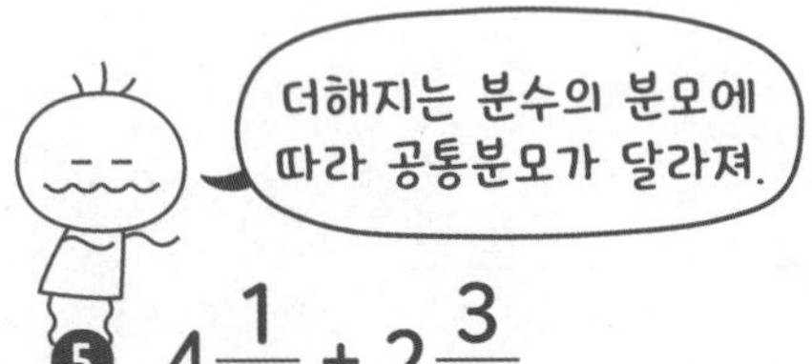

❹ $1\frac{3}{8}+4\frac{1}{6}$

❺ $4\frac{1}{8}+2\frac{3}{4}$

❻ $3\frac{1}{3}+4\frac{1}{7}$

❼ $3\frac{1}{6}+2\frac{3}{4}$

❽ $1\frac{4}{9}+2\frac{1}{3}$

❾ $1\frac{1}{4}+3\frac{1}{6}$

❿ $1\frac{5}{8}+1\frac{1}{5}$

⓫ $2\frac{3}{10}+2\frac{3}{8}$

⓬ $4\frac{1}{2}+2\frac{2}{7}$

⓭ $3\frac{1}{6}+1\frac{5}{18}$

⓮ $1\frac{3}{7}+4\frac{1}{6}$

⓯ $3\frac{5}{7}+1\frac{5}{21}$

⑯ $1\frac{2}{3}+1\frac{3}{5}$

진분수끼리의 합이
1보다 크면
자연수 부분으로
받아올림해.

⑰ $2\frac{1}{4}+1\frac{5}{6}$

⑱ $1\frac{3}{4}+1\frac{2}{3}$

⑲ $1\frac{5}{6}+2\frac{5}{8}$

⑳ $2\frac{1}{4}+1\frac{7}{8}$

㉑ $1\frac{1}{2}+3\frac{3}{4}$

㉒ $1\frac{8}{15}+2\frac{7}{10}$

㉓ $1\frac{4}{7}+2\frac{11}{14}$

㉔ $2\frac{1}{5}+1\frac{14}{15}$

㉕ $1\frac{5}{6}+1\frac{3}{5}$

㉖ $1\frac{7}{16}+5\frac{3}{4}$

㉗ $2\frac{5}{6}+2\frac{4}{9}$

㉘ $1\frac{4}{9}+1\frac{2}{3}$

㉙ $3\frac{5}{8}+2\frac{7}{18}$

㉚ $2\frac{8}{21}+3\frac{6}{7}$

공부 끝!

맞힌 개수

/30개

부모님 확인

오늘의 숫자 **33**에 색칠하세요.

월 일 /18 분

Day 40

두 분모의 최소공배수로 통분해야 간단한 수로 계산할 수 있겠지?

❶ $2\frac{2}{5}+3\frac{3}{10}$

먼저 분모를 같게 해야 더할 수 있겠지?

❷ $3\frac{2}{3}+2\frac{3}{4}$

❸ $1\frac{1}{8}+2\frac{5}{6}$

❹ $5\frac{3}{7}+1\frac{1}{3}$

❺ $5\frac{1}{5}+2\frac{2}{15}$

❻ $2\frac{2}{3}+2\frac{2}{5}$

❼ $2\frac{7}{15}+3\frac{13}{18}$

❽ $4\frac{3}{10}+1\frac{1}{12}$

❾ $1\frac{5}{6}+5\frac{7}{12}$

❿ $2\frac{2}{9}+4\frac{1}{6}$

⓫ $6\frac{3}{4}+2\frac{1}{2}$

⓬ $1\frac{4}{11}+3\frac{1}{2}$

⓭ $3\frac{3}{4}+1\frac{2}{5}$

⓮ $1\frac{2}{7}+2\frac{3}{5}$

⓯ $2\frac{5}{9}+2\frac{16}{27}$

⑯ $2\frac{5}{7}+3\frac{9}{14}$

⑰ $2\frac{4}{5}+1\frac{3}{10}$

⑱ $3\frac{1}{9}+1\frac{4}{15}$

⑲ $2\frac{1}{7}+3\frac{1}{6}$

⑳ $1\frac{1}{2}+1\frac{5}{8}$

㉑ $1\frac{3}{5}+2\frac{1}{2}$

㉒ $2\frac{2}{9}+4\frac{2}{3}$

㉓ $3\frac{2}{15}+2\frac{4}{9}$

㉔ $3\frac{2}{7}+1\frac{4}{9}$

㉕ $1\frac{1}{3}+2\frac{5}{6}$

㉖ $1\frac{5}{6}+1\frac{5}{9}$

㉗ $6\frac{3}{10}+1\frac{4}{7}$

㉘ $1\frac{1}{8}+4\frac{1}{10}$

㉙ $4\frac{5}{8}+1\frac{6}{7}$

㉚ $4\frac{5}{6}+5\frac{8}{15}$

공부 끝!

맞힌 개수

/30개

부모님 확인

오늘의 숫자 **7**에 색칠하세요.

연산 놀이터

파낸 흙의 양을 분수로 나타내 봐.
주노와 장미 중 누가 더 흙을 많이 파냈을까?

부모님 확인

☐ + ☐ = ☐

☐ + ☐ = ☐

10

분모가 다른 진분수의 뺄셈

이번에는 무엇을 배울까?

분모가 다른 대분수의 덧셈

분모가 다른 진분수의 뺄셈

분모가 다른 대분수의 뺄셈

이렇게 지도해요!

❶ 먼저 설명해 주세요.

분모가 다른 진분수의 뺄셈을 그림과 말로 풀어내었습니다. 아이와 함께 따라 읽어 보면서 분모가 다른 진분수의 덧셈에서 통분하는 두 가지 방법을 통해 분모가 다른 진분수의 뺄셈을 익힙니다.

❷ 수를 이해하며 계산해요.

설명과 이어지는 그림을 이용하여 Day41에서 재미있게 문제를 풉니다.

❸ 충분히 연습해요.

Day42 ~ Day44의 문제 풀이를 통해 분모가 다른 진분수의 뺄셈을 충분히 연습하고 분모가 다른 대분수의 뺄셈 계산을 대비합니다.

스스로 계획을 세워요!

	공부할 날짜	목표 시간	복습할 날짜
Day 41/48	월 / 일	분 / 9개	월 / 일
Day 42/48	월 / 일	분 / 16개	월 / 일
Day 43/48	월 / 일	분 / 30개	월 / 일
Day 44/48	월 / 일	분 / 30개	월 / 일

선생님의 칠판

분모가 다른 진분수의 뺄셈도 통분하여 분자끼리 빼면 돼.

$$\frac{2}{3}-\frac{1}{2}=\frac{2\times2}{3\times2}-\frac{1\times3}{2\times3}$$

$$=\frac{4}{6}-\frac{3}{6}$$

$$=\frac{1}{6}$$

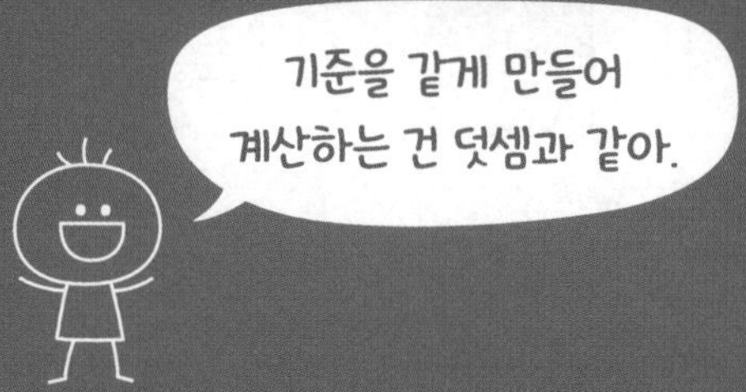

Day 41

전체를 똑같이 나눈 분수를 보고, 뺄셈을 해 보자.

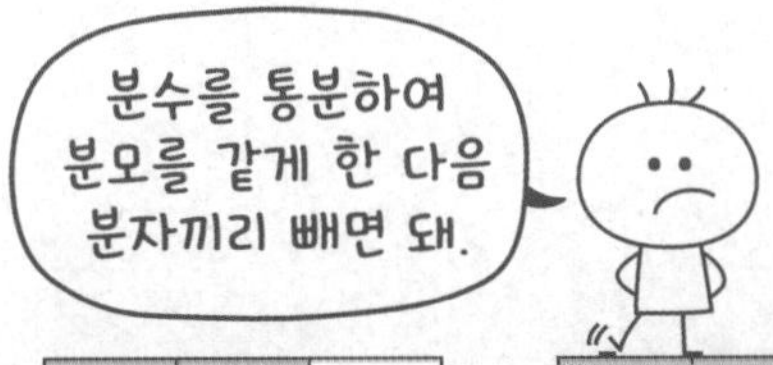

❶

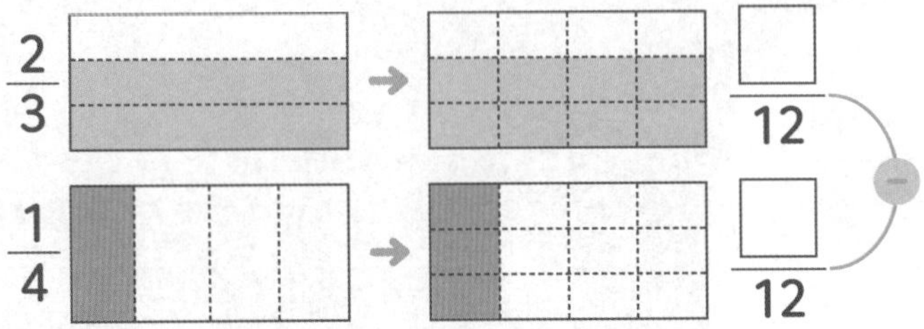

$\frac{2}{3} - \frac{1}{4} = \frac{\square}{12} - \frac{\square}{12} = \frac{\square}{12}$

❷

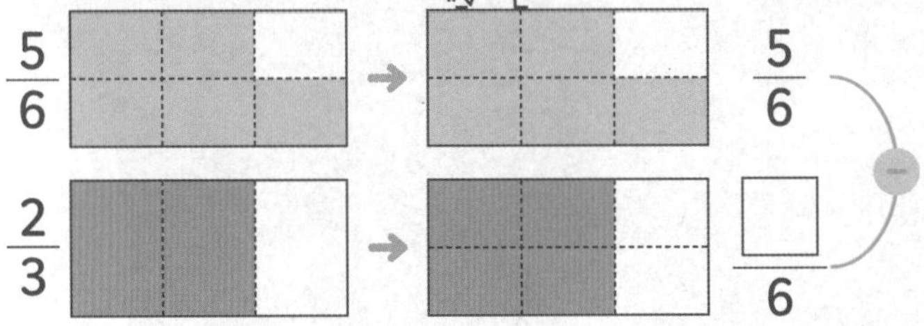

$\frac{5}{6} - \frac{2}{3} = \frac{\square}{6} - \frac{\square}{6} = \frac{\square}{6}$

❸

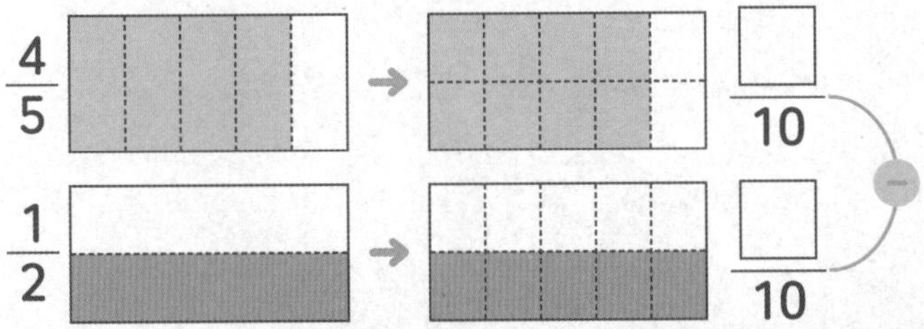

$\frac{4}{5} - \frac{1}{2} = \frac{\square}{10} - \frac{\square}{10} = \frac{\square}{10}$

❹

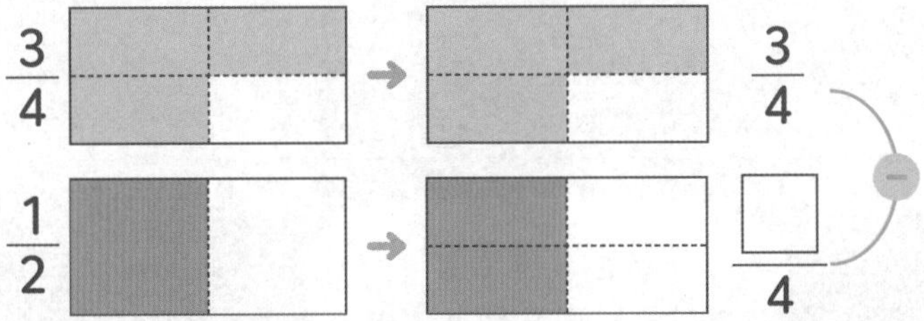

$\frac{3}{4} - \frac{1}{2} = \frac{\square}{4} - \frac{\square}{4} = \frac{\square}{4}$

❺ $\frac{3}{5}$ 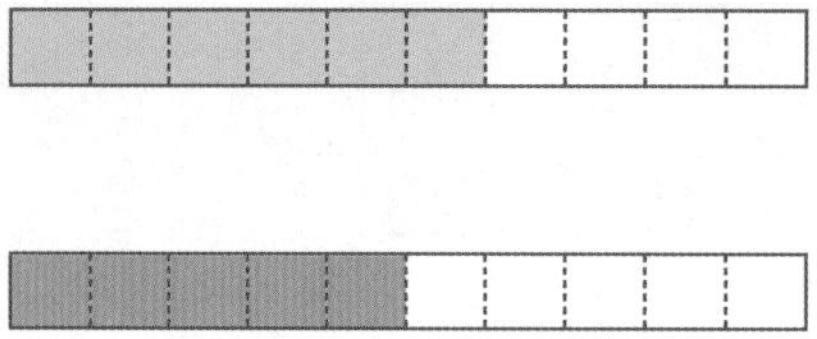 $\frac{□}{10}$

$\frac{1}{2}$ $\frac{□}{10}$

$$\frac{3}{5} - \frac{1}{2} = \frac{□}{10} - \frac{□}{10} = \frac{□}{10}$$

❻ $\frac{5}{8}$ 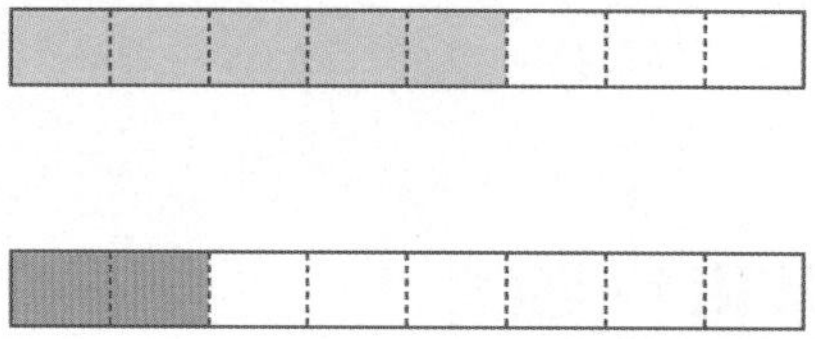 $\frac{5}{8}$

$\frac{1}{4}$ $\frac{□}{8}$

$$\frac{5}{8} - \frac{1}{4} = \frac{□}{8} - \frac{□}{8} = \frac{□}{8}$$

❼ $\frac{3}{4}$ 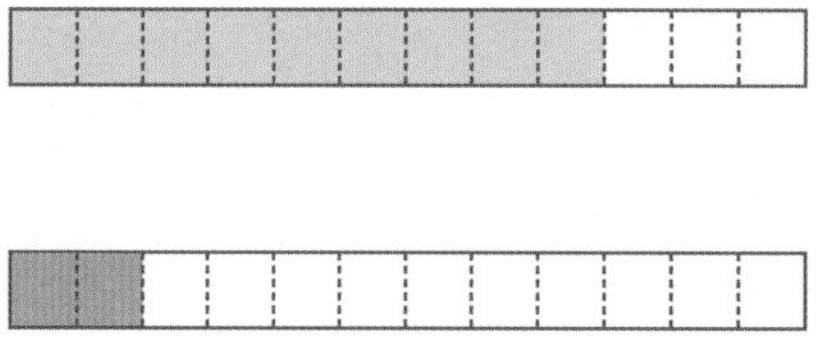 $\frac{□}{12}$

$\frac{1}{6}$ $\frac{□}{12}$

$$\frac{3}{4} - \frac{1}{6} = \frac{□}{12} - \frac{□}{12} = \frac{□}{12}$$

❽ $\frac{8}{9}$ 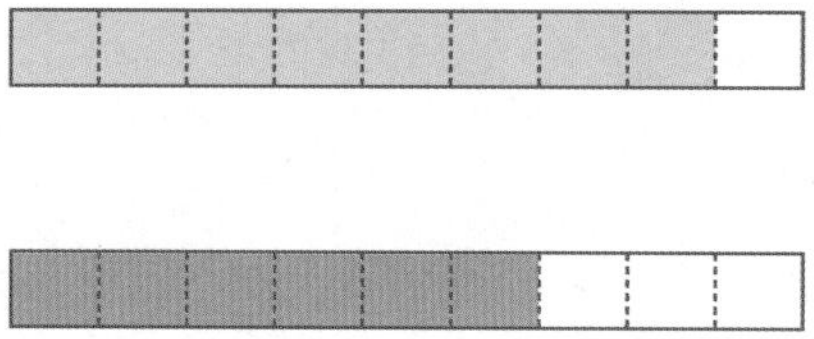 $\frac{8}{9}$

$\frac{2}{3}$ $\frac{□}{9}$

$$\frac{8}{9} - \frac{2}{3} = \frac{□}{9} - \frac{□}{9} = \frac{□}{9}$$

❾ $\frac{4}{5}$ 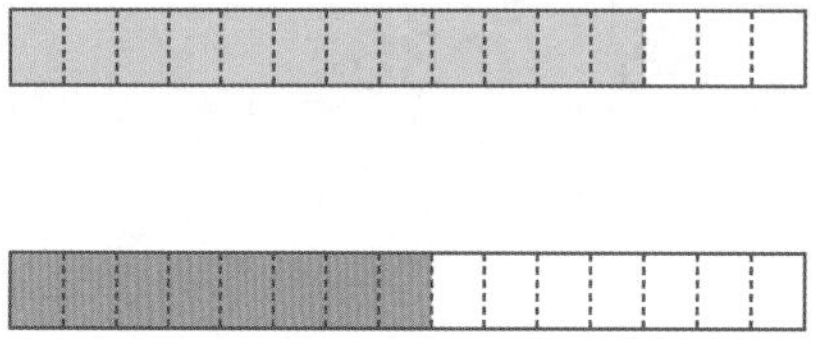 $\frac{□}{15}$

$\frac{8}{15}$ $\frac{8}{15}$

$$\frac{4}{5} - \frac{8}{15} = \frac{□}{15} - \frac{□}{15} = \frac{□}{15}$$

공부 끝!

맞힌 개수 /9개

부모님 확인

오늘의 숫자 **1**에 색칠하세요.

Day 42

두 분수의 분모를 같게 만들어 분자끼리만 빼.

$\frac{5}{6} - \frac{2}{3}$ ❶ 통분하여 분모를 같게 해.

$= \frac{5}{6} - \frac{4}{6}$ ❷ 분자끼리 빼.

$= \frac{1}{6}$

❶ $\frac{6}{7} - \frac{3}{4} = \frac{24}{28} - \frac{21}{28} = \frac{\square}{28}$

❷ $\frac{5}{16} - \frac{1}{4} = \frac{\square}{16} - \frac{\square}{16} = \frac{\square}{16}$

❸ $\frac{5}{8} - \frac{5}{12} = \frac{\square}{24} - \frac{\square}{24} = \frac{\square}{24}$

❹ $\frac{2}{3} - \frac{7}{13} = \frac{\square}{39} - \frac{\square}{39} = \frac{\square}{39}$

❺ $\frac{17}{18} - \frac{3}{4} = \frac{\square}{36} - \frac{\square}{36} = \frac{\square}{36}$

❻ $\frac{7}{12} - \frac{4}{9} = \frac{\square}{36} - \frac{\square}{36} = \frac{\square}{36}$

❼ $\frac{7}{9} - \frac{8}{15} = \frac{\square}{45} - \frac{\square}{45} = \frac{\square}{45}$

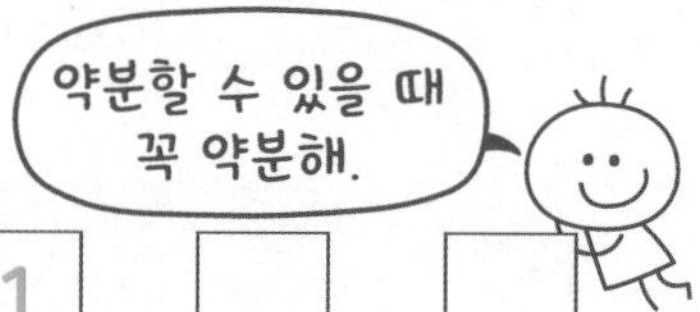

❽ $\frac{1}{6} - \frac{1}{18} = \frac{3}{18} - \frac{1}{18} = \frac{\square}{18} = \frac{\square}{9}$

❾ $\frac{6}{7} - \frac{2}{3} = \frac{\square}{21} - \frac{\square}{21} = \frac{\square}{21}$

❿ $\frac{9}{14} - \frac{3}{7} = \frac{\square}{14} - \frac{\square}{14} = \frac{\square}{14}$

⓫ $\frac{13}{25} - \frac{1}{5} = \frac{\square}{25} - \frac{\square}{25} = \frac{\square}{25}$

⓬ $\frac{7}{8} - \frac{3}{10} = \frac{\square}{40} - \frac{\square}{40} = \frac{\square}{40}$

⓭ $\frac{8}{9} - \frac{1}{2} = \frac{\square}{18} - \frac{\square}{18} = \frac{\square}{18}$

⓮ $\frac{1}{3} - \frac{1}{4} = \frac{\square}{12} - \frac{\square}{12} = \frac{\square}{12}$

⓯ $\frac{21}{25} - \frac{1}{2} = \frac{\square}{50} - \frac{\square}{50} = \frac{\square}{50}$

⓰ $\frac{8}{15} - \frac{1}{6} = \frac{\square}{30} - \frac{\square}{30} = \frac{\square}{30}$

공부 끝!

맞힌 개수 /16개

부모님 확인

오늘의 숫자 **23**에 색칠하세요.

Day 43

두 분모의 최소공배수로 통분하면 간단한 수로 뺄셈을 할 수 있어.

❶ $\frac{2}{3}-\frac{1}{6}$

❷ $\frac{3}{4}-\frac{1}{5}$

❸ $\frac{3}{5}-\frac{1}{2}$

❹ $\frac{4}{7}-\frac{1}{2}$

❺ $\frac{5}{6}-\frac{5}{8}$

❻ $\frac{5}{8}-\frac{1}{2}$

❼ $\frac{7}{9}-\frac{2}{15}$

❽ $\frac{8}{9}-\frac{5}{6}$

❾ $\frac{2}{3}-\frac{8}{15}$

❿ $\frac{11}{12}-\frac{5}{8}$

⓫ $\frac{6}{7}-\frac{3}{4}$

⓬ $\frac{3}{4}-\frac{1}{6}$

⓭ $\frac{7}{9}-\frac{1}{2}$

⓮ $\frac{4}{5}-\frac{2}{3}$

⓯ $\frac{5}{6}-\frac{2}{3}$

⑯ $\frac{7}{10} - \frac{2}{5}$

⑰ $\frac{5}{6} - \frac{5}{18}$

⑱ $\frac{3}{5} - \frac{2}{7}$

⑲ $\frac{7}{8} - \frac{3}{4}$

⑳ $\frac{7}{9} - \frac{7}{12}$

㉑ $\frac{7}{10} - \frac{3}{8}$

㉒ $\frac{5}{7} - \frac{3}{8}$

㉓ $\frac{2}{3} - \frac{2}{5}$

㉔ $\frac{3}{4} - \frac{1}{3}$

㉕ $\frac{5}{6} - \frac{1}{4}$

㉖ $\frac{1}{2} - \frac{5}{22}$

㉗ $\frac{3}{4} - \frac{3}{5}$

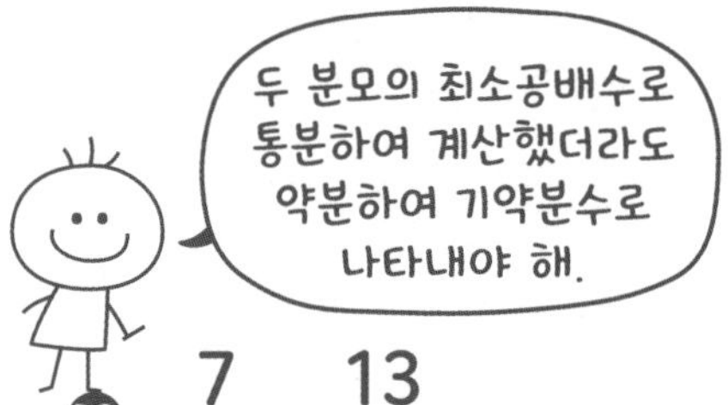

㉘ $\frac{7}{10} - \frac{13}{30}$

㉙ $\frac{13}{15} - \frac{5}{9}$

㉚ $\frac{4}{5} - \frac{1}{9}$

공부 끝!

맞힌 개수 /30개

부모님 확인

오늘의 숫자 **22**에 색칠하세요.

Day 44

분모를 같게 만든 다음
분자끼리만 빼면 돼.

❶ $\frac{7}{8} - \frac{7}{10}$

❷ $\frac{10}{11} - \frac{7}{9}$

❸ $\frac{9}{16} - \frac{1}{4}$

❹ $\frac{9}{25} - \frac{7}{20}$

❺ $\frac{2}{3} - \frac{3}{10}$

❻ $\frac{5}{18} - \frac{1}{6}$

❼ $\frac{1}{12} - \frac{1}{14}$

❽ $\frac{11}{16} - \frac{7}{12}$

❾ $\frac{9}{10} - \frac{8}{9}$

❿ $\frac{5}{13} - \frac{1}{4}$

⓫ $\frac{6}{7} - \frac{5}{12}$

⓬ $\frac{11}{12} - \frac{7}{18}$

⓭ $\frac{8}{9} - \frac{5}{12}$

⓮ $\frac{9}{16} - \frac{7}{32}$

⓯ $\frac{9}{11} - \frac{1}{3}$

⑯ $\frac{7}{13} - \frac{11}{52}$

⑰ $\frac{3}{4} - \frac{3}{5}$

⑱ $\frac{5}{8} - \frac{11}{32}$

⑲ $\frac{8}{9} - \frac{5}{18}$

⑳ $\frac{7}{18} - \frac{8}{27}$

㉑ $\frac{1}{4} - \frac{3}{18}$

㉒ $\frac{3}{5} - \frac{4}{11}$

㉓ $\frac{3}{5} - \frac{7}{16}$

㉔ $\frac{1}{10} - \frac{1}{12}$

㉕ $\frac{1}{3} - \frac{2}{7}$

㉖ $\frac{5}{12} - \frac{1}{9}$

㉗ $\frac{3}{10} - \frac{3}{14}$

㉘ $\frac{11}{24} - \frac{1}{6}$

㉙ $\frac{9}{10} - \frac{3}{8}$

㉚ $\frac{5}{6} - \frac{9}{20}$

공부 끝!

맞힌 개수 /30개

부모님 확인

오늘의 숫자 **11**에 색칠하세요.

연산 놀이터

부모님 확인

계산 결과가 더 큰 길을 따라 집까지 안전하게 가 보자!

11

분모가 다른 대분수의 뺄셈

이번에는 무엇을 배울까?

- 분모가 다른 진분수의 뺄셈
- **분모가 다른 대분수의 뺄셈**
- 어림하기

이렇게 지도해요!

❶ **먼저 설명해 주세요.**

분모가 다른 대분수의 뺄셈을 말로 풀어내었습니다. 대분수의 뺄셈은 자연수는 자연수끼리 분수는 분수끼리의 뺄셈과 같음을 이해합니다.

❷ **수를 이해하며 계산해요.**

설명을 이용하여 Day45에서 재미있게 문제를 풉니다.

❸ **충분히 연습해요.**

Day46 ~ Day48의 문제 풀이를 통해 분모가 다른 대분수의 뺄셈을 충분히 연습하고 분수의 곱셈을 대비합니다.

스스로 계획을 세워요!

	공부할 날짜	목표 시간	복습할 날짜
Day 45/48	월 / 일	분 / 10개	월 / 일
Day 46/48	월 / 일	분 / 10개	월 / 일
Day 47/48	월 / 일	분 / 30개	월 / 일
Day 48/48	월 / 일	분 / 30개	월 / 일

선생님의 칠판

자연수는 자연수끼리, 진분수는 진분수끼리 빼.

$$3\frac{1}{3}-1\frac{1}{2}=3\frac{1\times2}{3\times2}-1\frac{1\times3}{2\times3}=3\frac{2}{6}-1\frac{3}{6}$$

$$=2\frac{8}{6}-1\frac{3}{6}=(2-1)+\left(\frac{8}{6}-\frac{3}{6}\right)$$

$$=1+\frac{5}{6}=1\frac{5}{6}$$

대분수를 가분수로 바꾸어서 빼.

$$3\frac{1}{3}-1\frac{1}{2}=\frac{10}{3}-\frac{3}{2}=\frac{10\times2}{3\times2}-\frac{3\times3}{2\times3}=\frac{20}{6}-\frac{9}{6}=\frac{11}{6}=1\frac{5}{6}$$

월 일 /10 분

Day 45

자연수끼리 빼고, 진분수끼리 뺀 다음 두 결과를 더해 보자.

$3\frac{2}{3} - 1\frac{1}{2}$ ❶ 통분하여 분모를 같게 한 다음,

$= 3\frac{4}{6} - 1\frac{3}{6}$

$= (3 - 1) + \left(\frac{4}{6} - \frac{3}{6}\right)$

$= 2 + \frac{1}{6}$ ❷ 자연수끼리, 분수끼리 빼고,

$= 2\frac{1}{6}$ ❸ 자연수와 분수를 더해.

❶ $3\frac{1}{2} - 1\frac{1}{5} = 3\frac{\square}{10} - 1\frac{\square}{10} = (3 - 1) + \left(\frac{\square}{10} - \frac{\square}{10}\right)$

$= \square + \frac{\square}{10} =$ ______

❷ $6\frac{7}{9} - 1\frac{3}{4} =$ ______

❸ $4\frac{5}{6} - 3\frac{5}{18} =$ ______

❹ $5\frac{7}{10} - 2\frac{7}{30} =$ ______

❺ $6\frac{2}{3} - 2\frac{3}{7} =$ ______

$\frac{3}{6}$에서 $\frac{4}{6}$를 뺄 수 없으니까

❻ $4\frac{1}{2} - 1\frac{2}{3} = 4\frac{3}{6} - 1\frac{4}{6} = 3\frac{\square}{6} - 1\frac{4}{6} = (3 - 1) + \left(\frac{\square}{6} - \frac{4}{6}\right) = 2 + \frac{\square}{6} =$ ______

$4\frac{3}{6}$에서 1을 분수 부분으로 받아내림 해.

❼ $7\frac{1}{5} - 2\frac{1}{2} =$ ______

❽ $6\frac{3}{7} - 4\frac{5}{9} =$ ______

❾ $4\frac{1}{4} - 2\frac{11}{14} =$ ______

❿ $5\frac{1}{6} - 2\frac{3}{8} =$ ______

오늘의 숫자 **73**에 색칠하세요.

Day 46

대분수를 가분수로 고쳐서 뺄 수도 있지만 결과는 대분수로 써야 해.

$3\frac{1}{3} - 1\frac{1}{2}$

$= \frac{10}{3} - \frac{3}{2}$ ❶ 대분수를 가분수로 고치고

$= \frac{20}{6} - \frac{9}{6}$ ❷ 두 분수를 통분해.

$= \frac{11}{6} = 1\frac{5}{6}$

❸ 계산 결과는 대분수로 나타내.

❶ $4\frac{1}{2} - 1\frac{1}{3} = \frac{\square}{2} - \frac{4}{3} = \frac{\square}{6} - \frac{\square}{6} = \frac{\square}{6} =$ ______

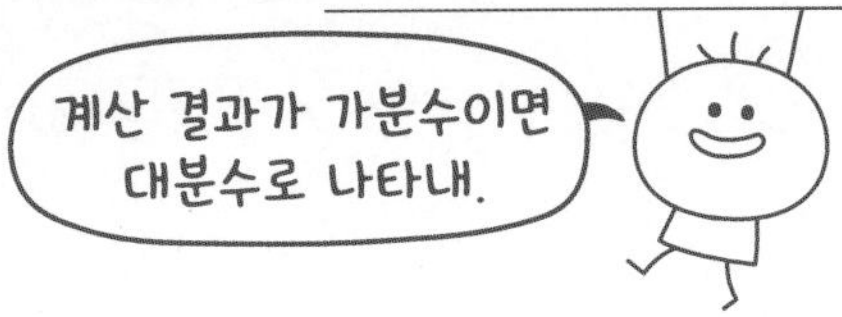

❷ $3\frac{4}{5} - 1\frac{4}{7} =$ ______

❸ $4\frac{3}{4} - 1\frac{1}{5} =$ ______

❹ $2\frac{3}{8} - 1\frac{3}{5} =$ ______

❺ $2\frac{3}{14} - 1\frac{5}{6} =$ ______

⑥ $5\frac{1}{6} - 2\frac{4}{15} =$

⑦ $4\frac{4}{7} - 1\frac{3}{8} =$

⑧ $6\frac{1}{6} - 3\frac{5}{24} =$

⑨ $3\frac{1}{13} - 1\frac{2}{3} =$

⑩ $5\frac{1}{4} - 3\frac{7}{9} =$

공부 끝!

맞힌 개수 /10개

부모님 확인

오늘의 숫자 **81**에 색칠하세요.

Day 47

분모를 통분하여 뺀 다음 계산 결과는 기약분수로 나타내야 해.

❶ $3\frac{1}{3} - 1\frac{1}{9}$

3과 9가 약수와 배수의 관계이니까 큰 수가 최소공배수야.

❷ $4\frac{2}{3} - 1\frac{1}{2}$

❸ $4\frac{4}{5} - 1\frac{7}{10}$

❹ $6\frac{1}{2} - 4\frac{1}{7}$

❺ $4\frac{8}{15} - 2\frac{2}{9}$

❻ $4\frac{7}{30} - 1\frac{1}{6}$

❼ $6\frac{2}{3} - 2\frac{1}{4}$

❽ $2\frac{4}{5} - 1\frac{3}{7}$

❾ $5\frac{8}{9} - 1\frac{1}{6}$

❿ $4\frac{1}{4} - 3\frac{1}{20}$

⓫ $4\frac{2}{5} - 3\frac{4}{15}$

⓬ $5\frac{1}{5} - 2\frac{1}{8}$

⓭ $3\frac{1}{4} - 2\frac{5}{24}$

⓮ $4\frac{1}{7} - 3\frac{1}{14}$

⓯ $4\frac{2}{3} - 2\frac{4}{7}$

⑯ $3\frac{1}{6}-1\frac{2}{3}$

⑰ $2\frac{5}{12}-1\frac{7}{10}$

⑱ $3\frac{1}{4}-1\frac{2}{3}$

⑲ $5\frac{1}{6}-2\frac{7}{20}$

두 분모의 공약수가 1뿐이므로 두 수의 곱으로 통분하면 돼.

⑳ $2\frac{1}{5}-1\frac{2}{3}$

㉑ $3\frac{5}{7}-1\frac{17}{21}$

㉒ $2\frac{4}{9}-1\frac{1}{2}$

㉓ $3\frac{3}{5}-1\frac{7}{10}$

㉔ $3\frac{1}{6}-2\frac{3}{10}$

㉕ $3\frac{5}{12}-2\frac{7}{9}$

㉖ $4\frac{1}{3}-1\frac{7}{12}$

㉗ $3\frac{4}{7}-1\frac{2}{3}$

㉘ $6\frac{4}{11}-2\frac{2}{3}$

㉙ $6\frac{3}{4}-2\frac{9}{10}$

㉚ $7\frac{3}{5}-3\frac{11}{15}$

공부 끝!

맞힌 개수

/30개

부모님 확인

오늘의 숫자 **53**에 색칠하세요.

월 일 /18 분

Day 48

두 분모의 최소공배수로 통분해야 간단한 수로 계산할 수 있겠지?

❶ $5\frac{1}{2} - 2\frac{1}{4}$

❷ $6\frac{3}{7} - 3\frac{3}{4}$

❸ $5\frac{7}{10} - 3\frac{9}{14}$

❹ $2\frac{13}{20} - 1\frac{2}{5}$

❺ $4\frac{5}{12} - 1\frac{7}{9}$

❻ $3\frac{5}{6} - 1\frac{7}{12}$

❼ $4\frac{3}{8} - 1\frac{4}{5}$

❽ $4\frac{1}{6} - 2\frac{3}{4}$

❾ $5\frac{1}{4} - 3\frac{1}{5}$

❿ $7\frac{2}{5} - 4\frac{1}{6}$

⓫ $6\frac{7}{12} - 4\frac{7}{8}$

⓬ $8\frac{5}{6} - 4\frac{8}{21}$

⓭ $6\frac{2}{9} - 3\frac{1}{6}$

⓮ $6\frac{2}{7} - 3\frac{7}{12}$

⓯ $5\frac{5}{24} - 2\frac{7}{16}$

⑯ $5\frac{3}{10} - 2\frac{1}{4}$

⑰ $3\frac{3}{16} - 1\frac{9}{10}$

⑱ $2\frac{1}{2} - 1\frac{4}{9}$

⑲ $5\frac{5}{12} - 3\frac{11}{15}$

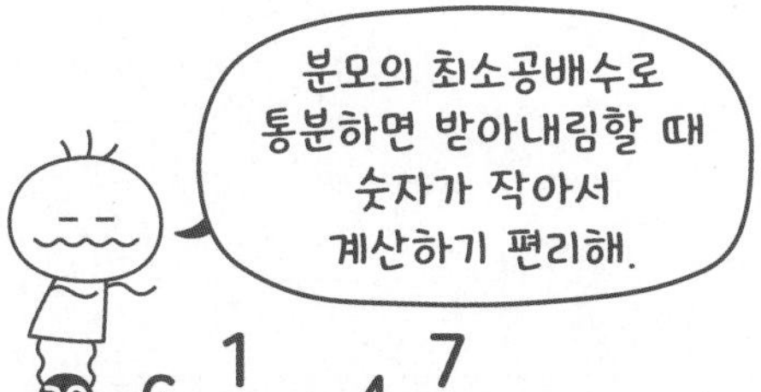

⑳ $6\frac{1}{24} - 4\frac{7}{36}$

㉑ $3\frac{9}{11} - 2\frac{3}{4}$

㉒ $3\frac{5}{6} - 1\frac{3}{4}$

㉓ $3\frac{9}{22} - 1\frac{1}{2}$

㉔ $3\frac{7}{8} - 1\frac{5}{12}$

㉕ $4\frac{2}{5} - 3\frac{5}{7}$

㉖ $6\frac{9}{19} - 3\frac{3}{4}$

㉗ $4\frac{4}{45} - 1\frac{8}{15}$

㉘ $5\frac{5}{9} - 2\frac{6}{7}$

㉙ $9\frac{8}{15} - 5\frac{1}{6}$

㉚ $8\frac{3}{26} - 2\frac{2}{13}$

공부 끝!

맞힌 개수 /30개

부모님 확인

오늘의 숫자 **57**에 색칠하세요.

연산 놀이터

리미가 든 돌보다 가벼운 곳에 올라가면 가라앉아.
돌보다 무거운 곳을 지나 안전하게 목적지에 도착해 보자!

부모님 확인

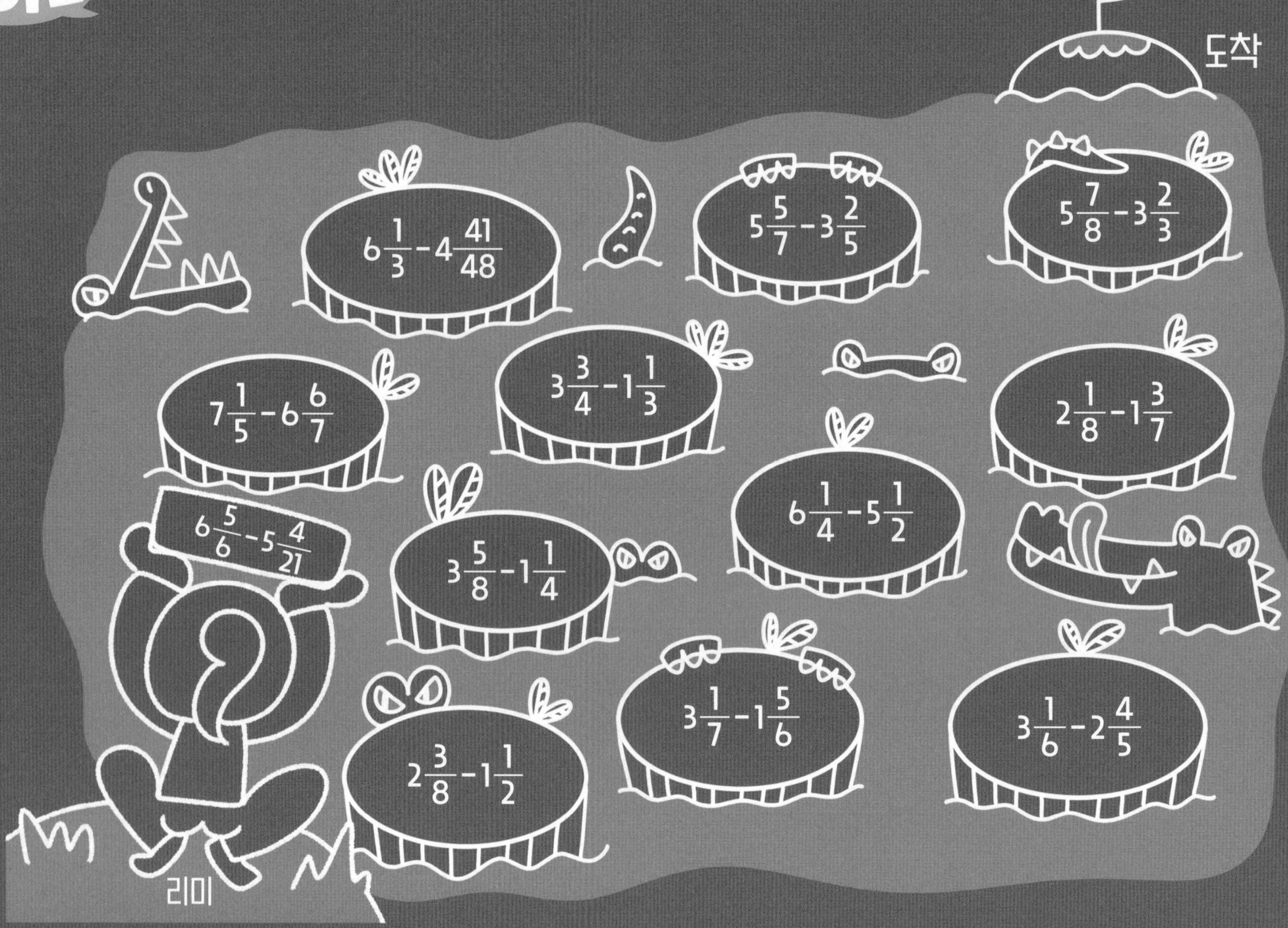

연산 실력 점검하기

범위 1단계 ~ 6단계

맞힌 개수: /31 걸린 시간: /분

01 $26 - 8 + 15$

02 $14 + 7 - 9$

03 $24 - 17 + 8 \times 11$

04 $12 \times 8 \div 4$

05 $36 \div 3 \times 5$

06 $25 \div 5 \times 12 \div 3$

07 $47 + 25 - 15 \div 3 \times 7$

08 $12 \times 12 + 9 - 32 \div 4$

09 $80 \times 2 \div 5 - (14 + 7)$

10 $38 \div (32 - 13)$

11 $100 - (48 - 37 + 14)$

12 $75 - (40 \div 2 \times 3 + 8)$

13 $112 - (19 + 5) \div 6 \times 7$

14 $55 \div 5 + (18 - 12) \times 7$

15 $72 \div (16 - 7) + 21 \times 5$

16 $19 + (14 - 5) \div 3 \times 6$

17 6의 약수

(　　　　　　　　)

18 15의 약수

(　　　　　　　　)

19 9의 배수

(　　　　　　　　)

20 21의 배수

(　　　　　　　　)

21 16과 20의 공약수

(　　　　　　　　)

22 27과 36의 공약수

(　　　　　　　　)

23 4와 12의 공배수

(　　　　　　　　)

24 20과 10의 공배수

(　　　　　　　　)

25) 6　15

최대공약수 (　　　　)
최소공배수 (　　　　)

26) 20　30

최대공약수 (　　　　)
최소공배수 (　　　　)

27) 18　27

최대공약수 (　　　　)
최소공배수 (　　　　)

28) 8　12

최대공약수 (　　　　)
최소공배수 (　　　　)

29) 48　54

최대공약수 (　　　　)
최소공배수 (　　　　)

30) 30　45

최대공약수 (　　　　)
최소공배수 (　　　　)

31) 42　98

최대공약수 (　　　　)
최소공배수 (　　　　)

연산 실력 점검하기

범위 7단계 ~ 11단계

맞힌 개수: /57　걸린 시간: 분

01 $\frac{2}{9} = \frac{\square}{72}$

02 $\frac{5}{6} = \frac{\square}{42}$

03 $\frac{18}{24} = \frac{\square}{4}$

04 $\frac{36}{63} = \frac{\square}{7}$

05 $\frac{4}{16} \rightarrow \frac{\square}{8}, \frac{\square}{4}$

06 $\frac{18}{24} \rightarrow \frac{\square}{12}, \frac{\square}{4}$

07 $\frac{14}{42} \rightarrow \frac{\square}{21}, \frac{\square}{6}, \frac{\square}{3}$

08 $\frac{12}{20} \rightarrow (\quad)$

09 $\frac{15}{45} \rightarrow (\quad)$

10 $\frac{6}{54} \rightarrow (\quad)$

11 $\frac{44}{60} \rightarrow (\quad)$

12 $\left(\frac{2}{3}, \frac{4}{9}\right) \rightarrow (\quad , \quad)$

13 $\left(\frac{3}{10}, \frac{2}{15}\right) \rightarrow (\quad , \quad)$

14 $\left(\frac{2}{9}, \frac{5}{13}\right) \rightarrow (\quad , \quad)$

15 $\left(\frac{2}{5}, \frac{6}{7}\right) \rightarrow (\quad , \quad)$

16 $\left(\frac{2}{5}, \frac{3}{16}\right) \rightarrow (\quad , \quad)$

17 $\left(\frac{7}{12}, \frac{3}{4}\right) \rightarrow (\quad , \quad)$

18 $\left(1\frac{4}{5}, 1\frac{1}{6}\right) \rightarrow (\quad , \quad)$

19 $\left(1\frac{2}{3}, 2\frac{4}{5}\right) \rightarrow (\quad , \quad)$

20 $\frac{2}{7} + \frac{1}{4}$

21 $\frac{1}{12} + \frac{3}{16}$

22 $\frac{1}{5} + \frac{1}{2}$

23 $\frac{1}{6} + \frac{7}{12}$

24 $\frac{5}{18} + \frac{2}{9}$

25 $\frac{6}{7} + \frac{3}{14}$

26 $\frac{1}{3}+\frac{5}{6}$

27 $\frac{5}{8}+\frac{7}{12}$

28 $\frac{8}{9}+\frac{2}{3}$

29 $\frac{5}{6}+\frac{3}{5}$

30 $2\frac{1}{8}+1\frac{1}{6}$

31 $1\frac{4}{9}+4\frac{1}{3}$

32 $2\frac{1}{4}+3\frac{1}{18}$

33 $2\frac{3}{8}+3\frac{7}{9}$

34 $4\frac{3}{4}+1\frac{2}{9}$

35 $2\frac{1}{4}+3\frac{5}{6}$

36 $1\frac{3}{10}+1\frac{11}{14}$

37 $3\frac{2}{3}+1\frac{4}{5}$

38 $3\frac{5}{7}+3\frac{2}{5}$

39 $3\frac{7}{8}+1\frac{5}{12}$

40 $\frac{1}{2}-\frac{4}{9}$

41 $\frac{6}{7}-\frac{1}{2}$

42 $\frac{2}{5}-\frac{1}{4}$

43 $\frac{5}{18}-\frac{2}{9}$

44 $\frac{9}{10}-\frac{7}{20}$

45 $\frac{5}{6}-\frac{4}{7}$

46 $\frac{22}{25}-\frac{13}{15}$

47 $\frac{7}{9}-\frac{8}{15}$

48 $3\frac{5}{6}-1\frac{3}{4}$

49 $6\frac{5}{6}-2\frac{3}{20}$

50 $7\frac{3}{8}-3\frac{5}{32}$

51 $8\frac{4}{11}-3\frac{1}{4}$

52 $4\frac{2}{5}-2\frac{5}{6}$

53 $7\frac{3}{7}-1\frac{4}{5}$

54 $7\frac{3}{4}-5\frac{17}{18}$

55 $8\frac{2}{3}-4\frac{4}{5}$

56 $3\frac{1}{4}-1\frac{5}{8}$

57 $7\frac{7}{15}-3\frac{2}{3}$

연산 실력 점검하기

범위 1단계 ~ 11단계

맞힌 개수: /46 걸린 시간: /분

01 $45 - 37 + 19$

02 $15 \times 4 \div 5$

03 $12 + 96 \div 4 - 7$

04 $35 - 13 \times 2 + 42 \div 14$

05 $23 - (12 + 8)$

06 $90 \div (5 \times 6)$

07 $81 - 56 \div (8 + 6)$

08 $75 \div (5 - 2) \times 4 + 29$

09 10의 약수

( )

10 8의 배수

( )

11 8과 20의 공약수

( )

12 20과 60의 공배수

( )

13) 12 14

최대공약수 ( )

최소공배수 ( )

14) 18 45

최대공약수 ( )

최소공배수 ( )

15) 34 51

최대공약수 ( )

최소공배수 ( )

16 $\frac{3}{5} = \frac{\square}{15}$

17 $\frac{16}{20} = \frac{\square}{5}$

18 $\frac{36}{63} \rightarrow \frac{\square}{21}, \frac{\square}{7}$

19 $\frac{45}{60} \rightarrow (\quad)$

20 $\frac{56}{64} \rightarrow (\quad)$

21 $\frac{15}{25} \rightarrow (\quad)$

22 $\frac{40}{72} \rightarrow (\quad)$

23 $\left(\frac{2}{5}, \frac{5}{6}\right) \rightarrow (\quad , \quad)$

24 $\left(\frac{3}{4}, \frac{1}{8}\right) \rightarrow (\quad , \quad)$

25 $\left(\frac{7}{12}, \frac{1}{4}\right) \rightarrow (\quad , \quad)$

26 $\left(\frac{3}{8}, \frac{2}{5}\right) \rightarrow (\quad , \quad)$

27 $\frac{2}{5} + \frac{3}{7}$

28 $\frac{3}{8} + \frac{1}{6}$

29 $\frac{5}{12} + \frac{11}{14}$

30 $\frac{9}{10} + \frac{2}{3}$

31 $2\frac{1}{6} + 7\frac{5}{12}$

32 $3\frac{1}{13} + 2\frac{1}{5}$

33 $2\frac{1}{4} + 3\frac{1}{3}$

34 $4\frac{7}{9} + 3\frac{14}{27}$

35 $5\frac{5}{6} + 1\frac{3}{7}$

36 $3\frac{7}{8} + 3\frac{3}{10}$

37 $\frac{3}{4} - \frac{1}{6}$

38 $\frac{3}{4} - \frac{3}{10}$

39 $\frac{7}{8} - \frac{5}{12}$

40 $\frac{11}{14} - \frac{1}{4}$

41 $9\frac{7}{15} - 6\frac{3}{10}$

42 $4\frac{7}{8} - 2\frac{1}{2}$

43 $2\frac{17}{32} - 1\frac{1}{8}$

44 $7\frac{5}{12} - 4\frac{3}{7}$

45 $5\frac{4}{9} - 3\frac{4}{5}$

46 $8\frac{1}{4} - 4\frac{9}{10}$

달달 풀고 **곰곰** 생각하는

달곰한 계산력

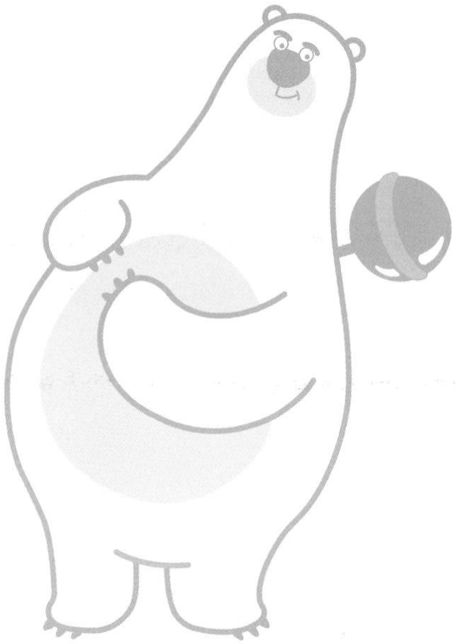